JN061834

コンパクトシリーズ　数学

ベクトル解析

河村哲也　著

インデックス出版

Preface

　大学で理工系を選ぶみなさんは、おそらく高校の時は数学が得意だったのではないでしょうか。本シリーズは高校の時には数学が得意だったけれども大学で不得意になってしまった方々を主な読者と想定し、数学を再度得意になっていただくことを意図しています。それとともに、大学に入って分厚い教科書が並んでいるのを見て尻込みしてしまった方を対象に、今後道に迷わないように早い段階で道案内をしておきたいという意図もあります。

　数学は積み重ねの学問ですので、ある部分でつまずいてしまうと先に進めなくなるという性格をもっています。そのため分厚い本を読んでいて、枝葉末節にこだわると読み終えないうちに嫌になるということが多々あります。このような時には思い切って先に進めばよいのですが、分厚い本だとまた引っかかる部分が出てきて、自分は数学に向かないとあきらめてしまうことになりかねません。

　このようなことを避けるためには、第一段階の本、あるいは読み返す本は「できるだけ薄い」のがよいと著者は考えています。そこで本シリーズは大学の2～3年次までに学ぶ数学のテーマを扱いながらも重要な部分を抜き出し、一冊については本文は70～90頁程度（Appendix や問題解答を含めてもせいぜい100～120頁程度）になるように配慮しています。具体的には本シリーズは

　　微分・積分
　　線形代数
　　常微分方程式
　　ベクトル解析
　　複素関数
　　フーリエ解析・ラプラス変換
　　数値計算

の7冊からなり、ふつうの教科書や参考書ではそれぞれ200～300ページになる内容のものですが、それをわかりやすさを保ちながら凝縮しています。

　なお、本シリーズは性格上、あくまで導入を目的としたものであるため、今後、数学を道具として使う可能性がある場合には、本書を読まれたあともう一度、きちんと書かれた数学書を読んでいただきたいと思います。

河村 哲也

目　次

Chapter 1

ベクトルの基礎

1.1　スカラーとベクトル

　自然界にはいろいろな量が存在しますが，質量，温度，密度など大きさだけ
で決まる量を**スカラー**といいます．一方，力や位置など大きさおよび方向を指
定してはじめて決まる量を**ベクトル**とよんでいます．本書では慣例に従い，ス
カラーを表すには a のようにふつうのアルファベットの文字を用い，ベクトル
は $\vec{a}$ のように上に矢印をつけて表すことにします．そして，ベクトルの大
きさだけを問題にするときは $|\vec{a}|$ のように絶対値記号をつけます．なお，大き
さ 1 のベクトルを**単位ベクトル**といいます．

長さはベクトル $|\vec{a}|$ の大きさ　　　　　終点

起点　　　$\vec{a}$　　向きはベクトルの方向

図 **1.1.1**

　ベクトルを図形的に表すには図 1.1.1 に示すように矢印を用いるのが便利で
す．すなわち，矢印の方向をベクトルの方向にとり，矢印の長さをベクトルの
大きさに（比例するように）とります．矢印の根元を**起点**（始点），先端を**終
点**といいます．

　ベクトルを物理学に用いる場合，ふつうは 3 次元空間で考えます．これを 3
次元ベクトルといいます．しかし，場合によってはベクトルを 1 つの平面内に
限っても十分なことがあります．このようなベクトルを 2 **次元ベクトル**といい
ます．

1.2　ベクトルの和と差とスカラー倍

　ベクトルにいくつかの演算規則を導入します．なお，これらの規則はベクトルとしてたとえば力をとったとき物理法則と矛盾しないようになっています．

（1）ベクトルの相等と零ベクトル

　ベクトルは大きさと向きをもつ量であるため，図1.2.1に示すようにそれぞれの大きさと向きが等しいとき，2つのベクトルは等しいと定義します（**ベクトルの相等**）．したがって，あるベクトルを平行移動したベクトルはすべて等しくなります．また大きさが0のベクトルを**零ベクトル**とよび，記号0で表します（方向は定義しません）．

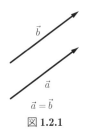

図 **1.2.1**

（2）ベクトルの和

　2つの**ベクトルの和**は図1.2.2のように2つのベクトルから作った平行四辺形の対角線を表すベクトルと定義します（**平行四辺形の法則**）．このとき図1.2.2から，和について**交換法則**が成り立つことがわかります．

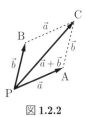

図 **1.2.2**

$$\vec{a} + \vec{b} = \vec{b} + \vec{a} \qquad\qquad (1.2.1)$$

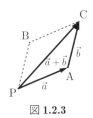

図 **1.2.3**

　ベクトルの和 $\vec{a}+\vec{b}$ は，図 1.2.3 に示すように，ベクトル $\vec{a}$ の終点にベクトル $\vec{b}$ の起点を重ね，ベクトル $\vec{a}$ の起点とベクトル $\vec{b}$ の終点を結んだベクトルと考えることもできます（**三角形の法則**）．このとき，図 1.2.4 に示すように 3 つのベクトルの和に対して**結合法則**

$$(\vec{a}+\vec{b})+\vec{c} = \vec{a}+(\vec{b}+\vec{c}) \tag{1.2.2}$$

が成り立つことがわかります．

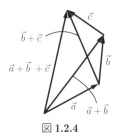

図 **1.2.4**

（3）ベクトルの差

　あるベクトル $\vec{a}$ に対してベクトル $-\vec{a}$ を，

$$\vec{a}+(-\vec{a}) = 0 \tag{1.2.3}$$

となるベクトルで定義します．図 1.2.5 を見てもわかるように大きさが 0 でない 2 つのベクトルを加えて 0 になるのは，大きさが同じで逆向きの場合だけです（それ以外は平行四辺形が描けるため和が 0 ベクトルになりません）．

図 **1.2.5**

　２つの**ベクトルの差**は和を用いて

$$\vec{a} - \vec{b} = \vec{a} + (-\vec{b}) \tag{1.2.4}$$

と定義します．図形的にはまず $\vec{b}$ と同じ大きさで逆向きのベクトル $-\vec{b}$ を描き，$\vec{a}$ との和を作ります（図 1.2.6）．

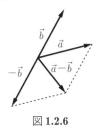

図 **1.2.6**

（４）スカラー倍

　k を正の実数としたとき，ベクトル $k\vec{a}$ は $\vec{a}$ と同じ向きで，大きさが k 倍のベクトルと定義します（図 1.2.7）．k が負の場合には，ベクトル $\vec{a}$ と逆向きで大きさが $|k|$ 倍のベクトルと定義します．たとえば $-2\vec{a}$ は $\vec{a}$ と逆向きで大きさは $|-2| = 2$ 倍のベクトルになります．このように実数とベクトルの積をベクトルの**スカラー倍**といいます．

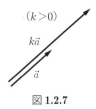

図 **1.2.7**

ベクトルのスカラー倍に対して次の関係が成り立ちます（**分配法則**）．

$$k(\vec{a} + \vec{b}) = k\vec{a} + k\vec{b} \tag{1.2.5}$$

$$(k_1 + k_2)\vec{a} = k_1\vec{a} + k_2\vec{a} \tag{1.2.6}$$

1.3　スカラー積とベクトル積

　ベクトルは大きさと方向をもった量であるため，ベクトルどうしの積といった場合には，ふつうのスカラーどうしの積のような定義はできません．本節では2つのベクトルからひとつのスカラーをつくる演算と，2つのベクトルから新たなベクトルをつくる演算を定義します．

（1）スカラー積

　2つのベクトルからスカラーをつくる演算に**スカラー積**があります．スカラー積の記号として $\vec{a}\cdot\vec{b}$ というように中黒の点で表すことにすれば，スカラー積は θ を $\vec{a}$ と $\vec{b}$ のなす角度として

$$\vec{a}\cdot\vec{b} = |\vec{a}||\vec{b}|\cos\theta \tag{1.3.1}$$

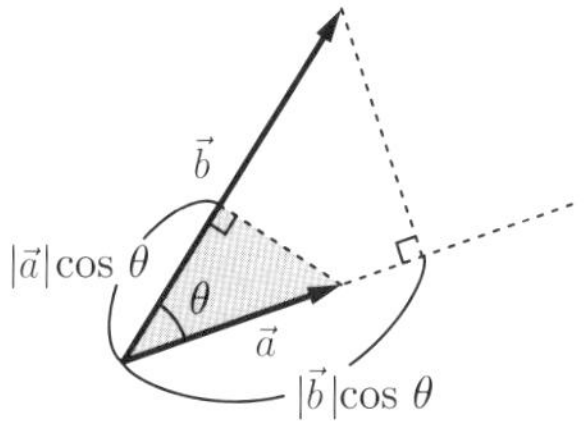

図 **1.3.1**

で定義されます（図1.3.1）．この定義から2つのベクトルが直交していれば，$\cos\theta = 0$ であるため，スカラー積は0になります．さらに，同じベクトルのなす角は0なので

$$\vec{a}\cdot\vec{a} = |\vec{a}||\vec{a}|\cos 0 = |\vec{a}|^2$$

となります．したがって，

$$|\vec{a}| = \sqrt{\vec{a}\cdot\vec{a}} \tag{1.3.2}$$

が成り立ちます．なお，スカラー積は**内積**ともいいます．

　スカラー積に対しては交換法則と分配法則が成り立ちます：

$$\vec{a} \cdot \vec{b} = \vec{b} \cdot \vec{a} \tag{1.3.3}$$

$$(\vec{a} + \vec{b}) \cdot \vec{c} = \vec{a} \cdot \vec{c} + \vec{b} \cdot \vec{c}, \quad \vec{a} \cdot (\vec{b} + \vec{c}) = \vec{a} \cdot \vec{b} + \vec{a} \cdot \vec{c} \tag{1.3.4}$$

（2）ベクトル積

　次に 2 つのベクトルから新たなベクトルをつくる演算である**ベクトル積**を定義します．ただし，ベクトルとして 3 次元ベクトルをとります．2 つのベクトル $\vec{a}$ と $\vec{b}$ がつくる平面を考えたとき，$\vec{a}$ と $\vec{b}$ のベクトル積は，

　「ベクトル $\vec{a}$ と $\vec{b}$ がつくる平面に垂直な方向（ただし $\vec{a}$ から $\vec{b}$ に右ねじをまわしたとき[*1] ねじの進む方向）をもち，大きさは $\vec{a}$ と $\vec{b}$ がつくる平行四辺形の面積に等しいようなベクトル」

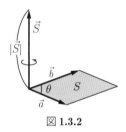

図 **1.3.2**

で定義されます（図 1.3.2）．ベクトル積は**外積**ともよばれます．ここで，2 つのベクトルのなす角を θ とすれば，平行四辺形の面積 S は図 1.3.3 から

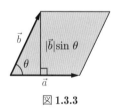

図 **1.3.3**

$$S = |\vec{a}||\vec{b}| \sin\theta \tag{1.3.5}$$

となります．2 つのベクトルが平行のときは $\theta = 0$ であるため，ベクトル積は零ベクトル 0 になります．

　ベクトル $\vec{a}$ と $\vec{b}$ のベクトル積を記号 $\vec{a} \times \vec{b}$ で表します．$\vec{a}$ から $\vec{b}$ に右ねじを

＊1　まわし方をひととりにするため，まわす角度は 0°から 180°までとします．

まわす場合と $\vec{b}$ から $\vec{a}$ に右ねじをまわす場合では向きが逆になります．しかし，どちらの場合も平行四辺形の面積は同じであるため，関係式

$$\vec{a} \times \vec{b} = -\vec{b} \times \vec{a} \tag{1.3.6}$$

が成り立ちます．このことはベクトル積に関しては交換法則は成り立たない（あるいは修正される）ことを意味しています．さらに，後述するように結合法則も成り立ちません．ただし，分配法則は成り立ちます．

一般に

$$(\vec{a} \times \vec{b}) \times \vec{c} \neq \vec{a} \times (\vec{b} \times \vec{c}) \tag{1.3.7}$$

$$\vec{a} \times (\vec{b} + \vec{c}) = \vec{a} \times \vec{b} + \vec{a} \times \vec{c}, \quad (\vec{a} + \vec{b}) \times \vec{c} = \vec{a} \times \vec{c} + \vec{b} \times \vec{c} \tag{1.3.8}$$

Example 1.3.1

$\vec{a}, \vec{b}, \vec{c}$ から $|(\vec{a} \times \vec{b}) \cdot \vec{c}|$ という量をつくったとき，これは $\vec{a}, \vec{b}, \vec{c}$ で作られる平行六面体の体積になっていることを，内積と外積の定義を用いて示しなさい．

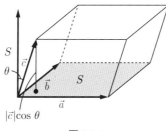

図 1.3.4

[Answer]

$|(\vec{a} \times \vec{b}) \cdot \vec{c}| = ||\vec{a} \times \vec{b}||\vec{c}|\cos\theta|$ ですが，図 1.3.4 に示すように，$||\vec{c}|\cos\theta|$ は $\vec{a}, \vec{b}, \vec{c}$ からつくられる平行六面体の高さです．一方，定義から $|\vec{a} \times \vec{b}|$ はベクトル $\vec{a}, \vec{b}$ からつくられる平行四辺形の面積です．底面積×高さは平行六面体の体積であるため，$|(\vec{a} \times \vec{b}) \cdot \vec{c}|$ は平行六面体の体積になります．

Note ....

スカラー積とベクトル積の分配法則

　スカラー積に対して分配法則$(\vec{a}+\vec{b})\cdot\vec{c}=\vec{a}\cdot\vec{c}+\vec{b}\cdot\vec{c}$が成り立つことは以下のように示すことができます.

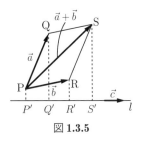

図 **1.3.5**

　図 1.3.5 を参照して，ベクトル$\vec{c}$がその上にあるような直線l上に，点 P, Q, R, S を正射影してできる点を P', Q', R', S' とします.このとき，図から

$$(\vec{a}+\vec{b})\cdot\vec{c}=P'S'|\vec{c}| \quad \vec{a}\cdot\vec{c}=P'Q'|\vec{c}| \quad \vec{b}\cdot\vec{c}=P'R'|\vec{c}|$$

です.一方，四角形 PQRS は平行四辺形なので $P'S'=P'Q'+P'R'$ が成り立ちます.したがって,

$$P'S'|\vec{c}|=P'Q'|\vec{c}|+P'R'|\vec{c}|$$

となるため，式(1.3.4) が成り立ちます.

　ベクトル積に対して分配法則が成り立つことを示す前に，ベクトル$\vec{c}$ に垂直な面にベクトル$\vec{a}$ を正射影したときに得られるベクトルを$\vec{a}'$ とすれば，$\vec{a}\times\vec{c}=\vec{a}'\times\vec{c}$ が成り立つことを示します.

　図 1.3.6 を参照すると，$\vec{a}\times\vec{c}$ と$\vec{a}'\times\vec{c}$ は同じ方向であることがわかります.さらに図から$\vec{a}$ と$\vec{c}$ がつくる平行四辺形の面積と$\vec{a}'$ と$\vec{c}$ がつくる長方形の面積は同じになります.すなわち，$|\vec{a}\times\vec{c}|=|\vec{a}'\times\vec{c}|$ となります.したがって，$\vec{a}\times\vec{c}=\vec{a}'\times\vec{c}$ が成り立ちます.

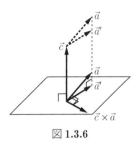

図 1.3.6

この結果から，もし $(\vec{a}' + \vec{b}') \times \vec{c} = \vec{a}' \times \vec{c} + \vec{b}' \times \vec{c}$ が証明できれば

$$(\vec{a}' + \vec{b}') \times \vec{c} = (\vec{a} + \vec{b}) \times \vec{c}, \quad \vec{a}' \times \vec{c} = \vec{a} \times \vec{c}, \quad \vec{b}' \times \vec{c} = \vec{b} \times \vec{c}$$

であるため，分配法則 $(\vec{a} + \vec{b}) \times \vec{c} = \vec{a} \times \vec{c} + \vec{b} \times \vec{c}$ が示されたことになります．

さて，$\vec{a}'$ は $\vec{c}$ に垂直であるので，$|\vec{a}' \times \vec{c}| = |\vec{a}'||\vec{c}|$ であり，また $\vec{a}' \times \vec{c}$ は $\vec{a}'$ と $\vec{c}$ に垂直です．したがって，図 1.3.7 に示すように $\vec{c}$ に垂直な面内で $\vec{a}'$ を 90°回転して $|\vec{c}|$ 倍したものが $\vec{a}' \times \vec{c}$ になります．同様に同じ面内で $\vec{b}'$ を 90°回転して $|\vec{c}|$ 倍したものが $\vec{b}' \times \vec{c}$ になります．この 2 つを加えたものは，やはり図を参照すれば $\vec{a}' + \vec{b}'$ を 90°回転して $|\vec{c}|$ 倍したもの，すなわち $(\vec{a}' + \vec{b}') \times \vec{c}$ と等しいことがわかります．したがって，$(\vec{a}' + \vec{b}') \times \vec{c} = \vec{a}' \times \vec{c} + \vec{b}' \times \vec{c}$ が成り立ちます．

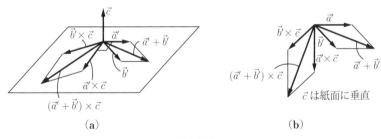

(a)　　　　　　　　　　　(b)

図 1.3.7

1.4　ベクトルと成分

　図 1.4.1 に示すように空間内に直角座標を導入して，ベクトル $\vec{p}$ の起点が原点と一致するように平行移動し，ベクトルの終点の座標が (x_1, y_1, z_1) になったとします．$\vec{i}$, $\vec{j}$, $\vec{k}$ をそれぞれ x, y, z 軸の正方向の単位ベクトル（基本ベクトル）とすれば，このベクトルは

$$\vec{p} = x_1\vec{i} + y_1\vec{j} + z_1\vec{k} \tag{1.4.1}$$

と書けます．x_1 をベクトルの x 成分，y_1 をベクトルの y 成分，z_1 をベクトルの z 成分とよびます．このとき，式(1.4.1) は，**成分**を用いて $\vec{p} = (x_1, y_1, z_1)$ と記すこともできます．2 次元の場合には $\vec{k} = 0$ として，$\vec{p} = x_1\vec{i} + y_1\vec{j}$，または座標値を用いて $\vec{p} = (x_1, y_1)$ と記すことができます．

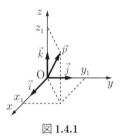

図 1.4.1

　2 次元のベクトル $\vec{a}$，$\vec{b}$ の**成分表示**をそれぞれ (a_1, a_2)，(b_1, b_2) とすれば，図 1.4.2 から平行四辺形の頂点 C の座標は $(a_1 + a_2, b_1 + b_2)$ となります．したがって，2 つのベクトルの和の成分は対応する成分ごとに和をとればよく，$\vec{a} = a_1\vec{i} + a_2\vec{j}$，$\vec{b} = b_1\vec{i} + b_2\vec{j}$ から，

$$\vec{c} = \vec{a} + \vec{b} = (a_1\vec{i} + a_2\vec{j}) + (b_1\vec{i} + b_2\vec{j}) = (a_1 + b_1)\vec{i} + (a_2 + b_2)\vec{j} \tag{1.4.2}$$

という計算ができることを意味しています．

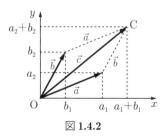

図 1.4.2

3次元の場合にも同様に $\vec{a} = a_1\vec{i} + a_2\vec{j} + a_3\vec{k}$，$\vec{b} = b_1\vec{i} + b_2\vec{j} + b_3\vec{k}$ のとき

$$\vec{c} = (a_1 + b_1)\vec{i} + (a_2 + b_2)\vec{j} + (a_3 + b_3)\vec{k} \tag{1.4.3}$$

となります．同様に，ベクトルの差も対応する成分ごとの差になります．

スカラー倍については次のようになります．2次元のベクトル $\vec{a}$ の成分表示を (a_1, a_2) としたとき，$k\vec{a}$ の成分は図 1.4.3 から (ka_1, ka_2) となります．すなわち，ベクトルの k 倍は各成分をそれぞれ k 倍すればよく，$\vec{a} = a_1\vec{i} + a_2\vec{j}$ のとき

$$k\vec{a} = k(a_1\vec{i} + a_2\vec{j}) = ka_1\vec{i} + ka_2\vec{j} \tag{1.4.4}$$

という計算ができることを意味しています．3次元の場合も同様に $\vec{a} = a_1\vec{i} + a_2\vec{j} + a_3\vec{k}$ のとき

$$k\vec{a} = k(a_1\vec{i} + a_2\vec{j} + a_3\vec{k}) = ka_1\vec{i} + ka_2\vec{j} + ka_3\vec{k} \tag{1.4.5}$$

となります．

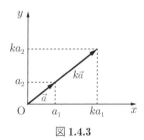

図 1.4.3

Example 1.4.1

$\vec{a} = 2\vec{i} - 3\vec{j} + \vec{k}$，$\vec{b} = -3\vec{i} + 2\vec{j} - 4\vec{k}$ のとき次の計算をしなさい．

(1) $2\vec{a} + \vec{b}$　　(2) $3\vec{a} - 4\vec{b}$

[Answer]

(1) $2\vec{a} + \vec{b} = 2(2\vec{i} - 3\vec{j} + \vec{k}) + (-3\vec{i} + 2\vec{j} - 4\vec{k})$

$\qquad = (4-3)\vec{i} + (-6+2)\vec{j} + (2-4)\vec{k} = \vec{i} - 4\vec{j} - 2\vec{k}$

(2) $3\vec{a} - 4\vec{b} = 3(2\vec{i} - 3\vec{j} + \vec{k}) - 4(-3\vec{i} + 2\vec{j} - 4\vec{k})$

$\qquad = (6+12)\vec{i} + (-9-8)\vec{j} + (3+16)\vec{k} = 18\vec{i} - 17\vec{j} + 19\vec{k}$

1.5　スカラー積とベクトル積の成分表示

　基本ベクトルのスカラー積については以下の関係式が成り立ちます：

$$\vec{i} \cdot \vec{i} = \vec{j} \cdot \vec{j} = \vec{k} \cdot \vec{k} = 1, \quad \vec{i} \cdot \vec{j} = \vec{j} \cdot \vec{k} = \vec{k} \cdot \vec{i} = 0 \tag{1.5.1}$$

なぜなら，基本ベクトルの大きさは$1(|\vec{i}| = |\vec{j}| = |\vec{k}| = 1)$であり，また異なる基本ベクトル（たとえば$\vec{i}$と$\vec{j}$）はお互いに直交するため内積が$0$になるからです.

　一方，基本ベクトルのベクトル積については以下の関係式が成り立ちます：

$$\vec{i} \times \vec{i} = \vec{j} \times \vec{j} = \vec{k} \times \vec{k} = 0$$
$$\vec{i} \times \vec{j} = \vec{k}, \ \vec{j} \times \vec{k} = \vec{i}, \ \vec{k} \times \vec{i} = \vec{j} \tag{1.5.2}$$
$$\vec{j} \times \vec{i} = -\vec{k}, \ \vec{k} \times \vec{j} = -\vec{i}, \ \vec{i} \times \vec{k} = -\vec{j}$$

なぜなら，同じベクトル（平行）のベクトル積は0であり，またあとの2つの関係は定義あるいは図 1.5.1 からわかります.

図 **1.5.1**

　一般のベクトルのスカラー積は，上の基本ベクトル間の関係式（1.5.1）と分配法則を用いれば成分表示することができます. すなわち，2つの2次元ベクトル$\vec{a}$と$\vec{b}$のスカラー積は

$$\vec{a} \cdot \vec{b} = (a_1\vec{i} + a_2\vec{j}) \cdot (b_1\vec{i} + b_2\vec{j}) = (a_1\vec{i} + a_2\vec{j}) \cdot b_1\vec{i} + (a_1\vec{i} + a_2\vec{j}) \cdot b_2\vec{j}$$
$$= a_1\vec{i} \cdot b_1\vec{i} + a_2\vec{j} \cdot b_1\vec{i} + a_1\vec{j} \cdot b_2\vec{i} + a_2\vec{j} \cdot b_2\vec{j}$$
$$= a_1b_1\vec{i} \cdot \vec{i} + a_2b_1\vec{j} \cdot \vec{i} + a_1b_2\vec{i} \cdot \vec{j} + a_2b_2\vec{j} \cdot \vec{j}$$
$$= a_1b_1 + a_2b_2 \tag{1.5.3}$$

となります. このようにスカラー積を計算する場合にはスカラー積をふつうの積とみなし，ベクトルもふつうの文字とみなして式を展開し，基本ベクトルの関係（1.5.1）を用いて式を簡単にすればよいことになります.

　3次元ベクトルの場合も同様に

$$\vec{a} \cdot \vec{b} = (a_1\vec{i} + a_2\vec{j} + a_3\vec{k}) \cdot (b_1\vec{i} + b_2\vec{j} + b_3\vec{k})$$
$$= (a_1\vec{i} + a_2\vec{j} + a_3\vec{k}) \cdot b_1\vec{i} + (a_1\vec{i} + a_2\vec{j} + a_3\vec{k}) \cdot b_2\vec{j}$$
$$+ (a_1\vec{i} + a_2\vec{j} + a_3\vec{k}) \cdot b_3\vec{k}$$
$$= a_1 b_1 \vec{i} \cdot \vec{i} + a_2 b_2 \vec{j} \cdot \vec{j} + a_3 b_3 \vec{k} \cdot \vec{k}$$

すなわち,

Point

$$\vec{a} \cdot \vec{b} = a_1 b_1 + a_2 b_2 + a_3 b_3 \tag{1.5.4}$$

となります.

　ベクトル積の計算でも文字の計算と同様に,分配法則および式(1.5.2) を用いて計算します.すなわち,

$$\vec{a} \times \vec{b} = (a_1\vec{i} + a_2\vec{j} + a_3\vec{k}) \times (b_1\vec{i} + b_2\vec{j} + b_3\vec{k})$$
$$= (a_1\vec{i} + a_2\vec{j} + a_3\vec{k}) \times b_1\vec{i} + (a_1\vec{i} + a_2\vec{j} + a_3\vec{k}) \times b_2\vec{j}$$
$$+ (a_1\vec{i} + a_2\vec{j} + a_3\vec{k}) \times b_3\vec{k}$$
$$= a_2 b_1 \vec{j} \times \vec{i} + a_3 b_1 \vec{k} \times \vec{i} + a_1 b_2 \vec{i} \times \vec{j} + a_3 b_2 \vec{k} \times \vec{j}$$
$$+ a_1 b_3 \vec{i} \times \vec{k} + a_2 b_3 \vec{j} \times \vec{k}$$
$$= -a_2 b_1 \vec{k} + a_3 b_1 \vec{j} + a_1 b_2 \vec{k} - a_3 b_2 \vec{i} - a_1 b_3 \vec{j} + a_2 b_3 \vec{i}$$
$$= (a_2 b_3 - a_3 b_2)\vec{i} + (a_3 b_1 - a_1 b_3)\vec{j} + (a_1 b_2 - a_2 b_1)\vec{k}$$

です.このままでは覚えにくい形をしていますが,**行列式**を用いれば以下のような覚えやすい形になります(行列式を展開すれば確かめられます).

Point

$$\vec{a} \times \vec{b} = \begin{vmatrix} \vec{i} & \vec{j} & \vec{k} \\ a_1 & a_2 & a_3 \\ b_1 & b_2 & b_3 \end{vmatrix} \tag{1.5.5}$$

Example 1.5.1

$\vec{a} = 2\vec{i} - 3\vec{j} + \vec{k}$, $\vec{b} = -3\vec{i} + 2\vec{j} - 4\vec{k}$ のとき次の計算をしなさい.

(1) $(2\vec{a} + \vec{b}) \cdot (\vec{a} - \vec{b})$

(2) $\vec{a} \times \vec{b}$

[**Answer**]

(1) $(2\vec{a} + \vec{b}) \cdot (\vec{a} - \vec{b}) = (\vec{i} - 4\vec{j} - 2\vec{k}) \cdot (5\vec{i} - 5\vec{j} + 5\vec{k}) = 5 + 20 - 10 = 15$

(2) 式(1.5.5) より

$$\vec{a} \times \vec{b} = (12 - 2)\vec{i} + (-3 + 8)\vec{j} + (4 - 9)\vec{k} = 10\vec{i} + 5\vec{j} - 5\vec{k}$$

1.6 スカラー3重積とベクトル3重積

3つのベクトル $\vec{a}$, $\vec{b}$, $\vec{c}$ について, $\vec{a} \cdot (\vec{b} \times \vec{c})$ を**スカラー3重積**といいます. スカラー積というのは, 2つのベクトル $\vec{a}$ と $\vec{b} \times \vec{c}$ のスカラー積になっているためです. **Example 1.3.1** に示したように, スカラー3重積は3つのベクトルがつくる平行六面体の体積になっています. 成分表示では

$\vec{a} = a_1\vec{i} + a_2\vec{j} + a_3\vec{k}$

$\vec{b} \times \vec{c} = (b_2 c_3 - b_3 c_2)\vec{i} + (b_3 c_1 - b_1 c_3)\vec{j} + (b_1 c_2 - b_2 c_1)\vec{k}$

であるため,

$$\vec{a} \cdot (\vec{b} \times \vec{c}) = a_1(b_2 c_3 - b_3 c_2) + a_2(b_3 c_1 - b_1 c_3) + a_3(b_1 c_2 - b_2 c_1)$$
$$= a_1 b_2 c_3 + a_2 b_3 c_1 + a_3 b_1 c_2 - a_1 b_3 c_2 - a_2 b_1 c_3 - a_3 b_2 c_1$$

$$(1.6.1)$$

となります. したがって, 行列式を用いれば

$$\vec{a} \cdot (\vec{b} \times \vec{c}) = \begin{vmatrix} a_1 & a_2 & a_3 \\ b_1 & b_2 & b_3 \\ c_1 & c_2 & c_3 \end{vmatrix} \qquad (1.6.2)$$

と書くことができます. なぜなら, この行列式を展開すれば式(1.6.1) と一致するからです.

スカラー3重積に対して,

$$\vec{a} \cdot (\vec{b} \times \vec{c}) = \vec{b} \cdot (\vec{c} \times \vec{a}) = \vec{c} \cdot (\vec{a} \times \vec{b}) \tag{1.6.3}$$

が成り立ちます．この式は行列式で表現すれば

$$\begin{vmatrix} a_1 & a_2 & a_3 \\ b_1 & b_2 & b_3 \\ c_1 & c_2 & c_3 \end{vmatrix} = \begin{vmatrix} b_1 & b_2 & b_3 \\ c_1 & c_2 & c_3 \\ a_1 & a_2 & a_3 \end{vmatrix} = \begin{vmatrix} c_1 & c_2 & c_3 \\ a_1 & a_2 & a_3 \\ b_1 & b_2 & b_3 \end{vmatrix}$$

となりますが，行を1回入れ替えると（絶対値は同じで）符号が変化するという行列式の性質を用いれば，第2式も第3式も列の2回の入れ替えで実現できることから明らかです．あるいは，図 1.6.1 を参照すれば幾何学的にどれも同じ平行六面体の体積を表していると考えることもできます．

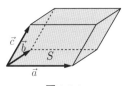

図 1.6.1

3つのベクトル $\vec{a}$，$\vec{b}$，$\vec{c}$ について，$\vec{a} \times (\vec{b} \times \vec{c})$ を**ベクトル3重積**といいます．ベクトル3重積に対しては成分表示をすることにより以下の等式が成り立つことがわかります．

$$\vec{a} \times (\vec{b} \times \vec{c}) = (\vec{a} \cdot \vec{c})\vec{b} - (\vec{a} \cdot \vec{b})\vec{c} \tag{1.6.4}$$

Example 1.6.1

式 (1.6.4) を証明しなさい．

[Answer]

x 成分についてのみ示しますが，y および z 成分についても同様にできます．なお，添字 $1, 2, 3$ はそれぞれ x, y, z 方向の成分を表すものとします．

$\vec{d} = \vec{b} \times \vec{c}$ とおくと

$$d_2 = b_3 c_1 - b_1 c_3, \quad d_3 = b_1 c_2 - b_2 c_1$$

となるため，

$$(\vec{a} \times (\vec{b} \times \vec{c}))_1 = (\vec{a} \times \vec{d})_1 = a_2 d_3 - a_3 d_2$$
$$= a_2 (b_1 c_2 - b_2 c_1) - a_3 (b_3 c_1 - b_1 c_3)$$

$$[(\vec{a} \cdot \vec{c})\vec{b} - (\vec{a} \cdot \vec{b})\vec{c}]_1 = (\vec{a} \cdot \vec{c})b_1 - (\vec{a} \cdot \vec{b})c_1$$
$$= (a_1 c_1 + a_2 c_2 + a_3 c_3)\, b_1 - (a_1 b_1 + a_2 b_2 + a_3 b_3)\, c_1$$
$$= a_2 (b_1 c_2 - b_2 c_1) - a_3 (b_3 c_1 - b_1 c_3)$$

Example 1.6.2

　ベクトル積に対して，一般に結合法則が成り立たないことを示しなさい．また，どのようなベクトルに対して結合法則が成り立つかを考えなさい．

[Answer]

　式(1.6.4) から

$$\vec{a} \times (\vec{b} \times \vec{c}) = (\vec{a} \cdot \vec{c})\vec{b} - (\vec{a} \cdot \vec{b})\vec{c}$$

となりますが，式(1.3.3)，(1.3.6) および式(1.6.4)（ただし $\vec{a}$ のかわりに $\vec{c}$ ，$\vec{b}$ のかわりに $\vec{a}$ ，$\vec{c}$ のかわりに $\vec{b}$ ）を用いると

$$(\vec{a} \times \vec{b}) \times \vec{c} = -\vec{c} \times (\vec{a} \times \vec{b}) = -(\vec{c} \cdot \vec{b})\vec{a} + (\vec{c} \cdot \vec{a})\vec{b}$$

となります．このように，両式は一般には等しくなく，両式が等しいためには

$$(\vec{a} \cdot \vec{b})\vec{c} = (\vec{c} \cdot \vec{b})\vec{a}$$

である必要があります．したがって，ベクトル $\vec{a}$ と $\vec{c}$ が平行であれば（それぞれのベクトルがベクトル $\vec{b}$ とも同じ角度をもつため）等式が成り立ちます．

1. 次の関係を証明しなさい.

　(a) $(\vec{a} - \vec{b}) \cdot (\vec{a} + \vec{b}) = |\vec{a}|^2 - |\vec{b}|^2$

　(b) $(\vec{a} + \vec{b}) \times (\vec{a} - \vec{b}) = 2\vec{b} \times \vec{a}$

2. ベクトル $\vec{a}$, $\vec{b}$ を2辺とする平行四辺形の面積は

$$\sqrt{|\vec{a}|^2 |\vec{b}|^2 - (\vec{a} \cdot \vec{b})^2}$$

　となることを示しなさい.

3. 3つのベクトル

$$\vec{A} = a\vec{i} - 2\vec{j} + 3\vec{k}, \quad \vec{B} = -2\vec{i} + b\vec{j} + \vec{k}, \quad \vec{C} = \vec{i} + 2\vec{j} - c\vec{k}$$

　が直交するように, a, b, c の値を定めなさい.

4. 図1に示すように面 S の法線ベクトル $\vec{n} = (n_x, n_y, n_z)$ と S を各座標平面
　に正射影したときの面積 ΔS_x, ΔS_y, ΔS_z の間には

$$\Delta S_x = n_x \Delta S, \ \Delta S_y = n_y \Delta S, \ \Delta S_z = n_z \Delta S$$

　の関係が成り立つことを示しなさい.

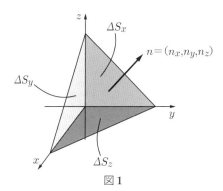

図1

5. ベクトルに関する次の等式を証明しなさい.

　(a) $\vec{a} \times (\vec{b} \times \vec{c}) + \vec{b} \times (\vec{c} \times \vec{a}) + \vec{c} \times (\vec{a} \times \vec{b}) = 0$

　(b) $(\vec{a} \times \vec{b}) \cdot (\vec{c} \times \vec{d}) = (\vec{a} \cdot \vec{c})(\vec{b} \cdot \vec{d}) - (\vec{a} \cdot \vec{d})(\vec{b} \cdot \vec{c})$

Chapter 2

ベクトルの微分積分

2.1 ベクトル関数

　ある変数 t を変化させたとき，それに応じてベクトル $\vec{A}$ も変化する場合，そのベクトル $\vec{A}$ は変数 t に関する**ベクトル関数**であるといい，

$$\vec{A} = \vec{A}(t) \tag{2.1.1}$$

と記します．この場合，各成分も t の関数になっているため，成分表示では，2次元の場合には

$$\vec{A} = A_x(t)\vec{i} + A_y(t)\vec{j} \tag{2.1.2}$$

3次元の場合には

$$\vec{A} = A_x(t)\vec{i} + A_y(t)\vec{j} + A_z(t)\vec{k} \tag{2.1.3}$$

となります．ただし，A_x, A_y(, A_z) は $\vec{A}$ の x, y(,z) 成分です[*1]．$\vec{A}$ を位置ベクトルと考えれば，ベクトル関数 $\vec{A}(t)$ の終点は独立変数 t を変化させることにより，2次元の場合は平面曲線，3次元の場合には空間内曲線を描きます．なお，各成分が独立変数の連続関数であるとき，ベクトル関数も**連続**であるといいます．

　独立変数が2つあって（u, v とします），その変化に応じてベクトル $\vec{A}$ も変化する場合には $\vec{A}$ を

$$\vec{A} = \vec{A}(u,v) \tag{2.1.4}$$

と記し，（2変数の）ベクトル関数といいます．この場合には3次元ベクトルを考えることが多く，成分表示すれば

$$\vec{A}(u,v) = A_x(u,v)\vec{i} + A_y(u,v)\vec{j} + A_z(u,v)\vec{k} \tag{2.1.5}$$

[*1]　偏微分を表す場合に A_x のように下添え字をしばしば使いますが本書では混乱を避けるため，下添え字は成分（A_x はベクトル $\vec{A}$ の x 方向成分）を表すものとします．

となります．ベクトル関数の起点を原点にとり，v を一定値（たとえば a）に固定すれば，$\vec{A}$ は u だけの関数となり，その結果，ベクトル関数の終点はひとつの空間曲線を描きます（図2.1.1）．そして，v を別の一定値（たとえば b）にとれば別の空間曲線になります．そこで，v を変化させると曲線群ができますが，徐々に連続的に変化させれば曲線も徐々に変化して，ひとつの面を描くと考えられます．すなわち，ベクトル関数 $\vec{A}(u,v)$ の終点は空間内の曲面を表示することになります．

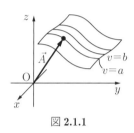

図 2.1.1

2.2　ベクトル関数の微分

独立変数がひとつの場合にもどって，t が $t + \Delta t$ に変化したとします．このときベクトル関数は $\vec{A}(t)$ から $\vec{A}(t + \Delta t)$ に変化します．そこで，$\vec{A}$ の変化分を t の変化分で割った

$$\frac{\vec{A}(t + \Delta t) - \vec{A}(t)}{(t + \Delta t) - t}$$

に対して $\Delta t \to 0$ における極限値が存在するとき，これをベクトル関数の点 t での微分係数とよび $d\vec{A}/dt$ と記します．すなわち，

$$\frac{d\vec{A}}{dt} = \lim_{\Delta t \to 0} \frac{\vec{A}(t + \Delta t) - \vec{A}(t)}{\Delta t} \tag{2.2.1}$$

です．これは図2.2.1から $\vec{A}$ の終点が表す曲線の点Pにおける接線と平行なベクトルになっています．ふつうの関数の場合と同様に微分係数を t の関数と考えたとき，導関数とよび，導関数を求めることを微分する（**ベクトル関数の微分**）といいます．

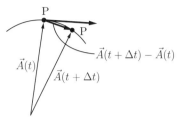

図 **2.2.1**

$\vec{A}(t)$ が成分表示されていて

$$\vec{A}(t) = A_x(t)\vec{i} + A_y(t)\vec{j} + A_z(t)\vec{k}$$

である場合には，導関数の定義式にこの関係式を代入することにより

$$\frac{d\vec{A}}{dt} = \lim_{\Delta t \to 0} \frac{A_x(t+\Delta t)\vec{i} + A_y(t+\Delta t)\vec{j} + A_z(t+\Delta t)\vec{k} - A_x(t)\vec{i} - A_x(t)\vec{j} - A_x(t)\vec{k}}{\Delta t}$$

$$= \lim_{\Delta t \to 0} \left(\frac{A_x(t+\Delta t) - A_x(t)}{\Delta t} \right) \vec{i} + \lim_{\Delta t \to 0} \left(\frac{A_y(t+\Delta t) - A_y(t)}{\Delta t} \right) \vec{j}$$

$$+ \lim_{\Delta t \to 0} \left(\frac{A_z(t+\Delta t) - A_z(t)}{\Delta t} \right) \vec{k}$$

すなわち

$$\frac{d\vec{A}}{dt} = \frac{dA_x}{dt}\vec{i} + \frac{dA_y}{dt}\vec{j} + \frac{dA_z}{dt}\vec{k} \tag{2.2.2}$$

が成り立ちます．したがって，導関数を計算する場合には成分ごとに微分すれ
ばよいことになります．ただし，このことを導くときに基本ベクトル（$\vec{i}$, $\vec{j}$,
$\vec{k}$）が定数ベクトルであることを使っています．

　k を定数，$\vec{K}$ を一定のベクトル（定数ベクトル），f をスカラー関数，$\vec{A}(t)$,
$\vec{B}(t)$ をベクトル関数としたとき，以下の諸公式が成り立ちます．

(1) $\dfrac{d\vec{K}}{dt} = 0$,   (2) $\dfrac{d}{dt}(\vec{A} + \vec{B}) = \dfrac{d\vec{A}}{dt} + \dfrac{d\vec{B}}{dt}$,   (3) $\dfrac{d}{dt}(k\vec{A}) = k\dfrac{d\vec{A}}{dt}$

(4) $\dfrac{d}{dt}(\vec{K} \cdot \vec{A}) = \vec{K} \cdot \dfrac{d\vec{A}}{dt}$,   (5) $\dfrac{d}{dt}(\vec{K} \times \vec{A}) = \vec{K} \times \dfrac{d\vec{A}}{dt}$

(6) $\dfrac{d}{dt}(m\vec{A}) = \dfrac{dm}{dt}\vec{A} + m\dfrac{d\vec{A}}{dt}$,   (7) $\dfrac{d}{dt}(\vec{A} \cdot \vec{B}) = \dfrac{d\vec{A}}{dt} \cdot \vec{B} + \vec{A} \cdot \dfrac{d\vec{B}}{dt}$

(8) $\dfrac{d}{dt}(\vec{A} \times \vec{B}) = \dfrac{d\vec{A}}{dt} \times \vec{B} + \vec{A} \times \dfrac{d\vec{B}}{dt}$

(9) $\dfrac{d\vec{A}}{dt} = \dfrac{d\vec{A}}{ds}\dfrac{ds}{dt}$ （合成関数の微分法）

Example 2.2.1

上式(8) を証明しなさい.

[Answer]

x 成分だけを示すことにします. 他の成分も同じです.

$$\left(\dfrac{d}{dt}(\vec{A} \times \vec{B}) \right)_x = \dfrac{d}{dt}(A_y B_z - A_z B_y)$$

$$= \dfrac{dA_y}{dt}B_z + A_y\dfrac{dB_z}{dt} - \dfrac{dA_z}{dt}B_y - A_z\dfrac{dB_y}{dt}$$

一方,

$$\left(\dfrac{d\vec{A}}{dt} \times B \right)_x + \left(\vec{A} \times \dfrac{d\vec{B}}{dt} \right)_x = \dfrac{dA_y}{dt}B_z - \dfrac{dA_z}{dt}B_y + A_y\dfrac{dB_z}{dt} - A_y\dfrac{dB_y}{dt}$$

2 階以上の導関数も同様に定義できます. たとえば 2 階導関数は導関数の導関数として

$$\dfrac{d^2\vec{r}}{dt^2} = \lim_{\Delta t \to 0} \dfrac{1}{\Delta t}\left(\dfrac{d}{dt}\vec{r}(t + \Delta t) - \dfrac{d}{dt}\vec{r}(t) \right) \tag{2.2.3}$$

によって定義されます.

　ベクトル関数が2変数（以上）の場合には微分は偏微分になります．たとえば，ベクトル関数 $\vec{A}$ が u と v の関数であるとして，u に関するベクトル関数の偏微分は v を固定して微分することなので

$$\frac{\partial \vec{A}}{\partial u} = \lim_{\Delta u \to 0} \frac{\vec{A}(u + \Delta u, v) - \vec{A}(u, v)}{\Delta u} \tag{2.2.4}$$

で定義できます．同様に，v に関する偏微分は

$$\frac{\partial \vec{A}}{\partial v} = \lim_{\Delta v \to 0} \frac{\vec{A}(u, v + \Delta v) - \vec{A}(u, v)}{\Delta v} \tag{2.2.5}$$

により定義します．スカラー関数の場合と同様に

$$\frac{\partial^2 \vec{A}}{\partial u \partial v}, \quad \frac{\partial^2 \vec{A}}{\partial v \partial u}$$

が連続であれば

$$\frac{\partial^2 \vec{A}}{\partial u \partial v} = \frac{\partial^2 \vec{A}}{\partial v \partial u}$$

が成り立ち，微分の順序が交換できます．

Example 2.2.2

(1) $\vec{A} = a \cos t \vec{i} + a \sin t \vec{j} + bt \vec{k}$ の1階および2階導関数を求めなさい．

(2) $\vec{A} = u\vec{i} + v\vec{j} + (u^2 + v^2)\vec{k}$ の1階および2階偏導関数を求めなさい．

[**Answer**]

(1) $\dfrac{d\vec{A}}{dt} = -a \sin t \vec{i} + a \cos t \vec{j} + b\vec{k}, \quad \dfrac{d^2\vec{A}}{dt^2} = -a \cos t \vec{i} - a \sin t \vec{j}$

(2) $\dfrac{\partial \vec{A}}{\partial u} = \vec{i} + 2u\vec{k}, \quad \dfrac{\partial \vec{A}}{\partial v} = \vec{j} + 2v\vec{k}$

$\dfrac{\partial^2 \vec{A}}{\partial u^2} = 2\vec{k}, \quad \dfrac{\partial^2 \vec{A}}{\partial u \partial v} = 0, \quad \dfrac{\partial^2 \vec{A}}{\partial v^2} = 2\vec{k}$

2.3　ベクトル関数の積分

　あるベクトル関数 $\vec{F}(t)$ の導関数がベクトル関数 $\vec{f}(t)$ になっているとき，$\vec{F}(t)$ を**ベクトル関数の不定積分**とよび，

$$\vec{F}(t) = \int \vec{f}(t)dt \qquad\qquad (2.3.1)$$

で表します．$\vec{C}$ を任意の定数ベクトルとしたとき，$\vec{F}(t) + \vec{C}$ も $\vec{f}(t)$ の不定積分になっています．したがって，不定積分には定数ベクトルの任意性があります．$\vec{f}(t)$ の成分表示が

$$\vec{f}(t) = f_x(t)\vec{i} + f_y(t)\vec{j} + f_z(t)\vec{k}$$

であるとすれば

$$\int \vec{f}(t)dt = \vec{i}\int f_x(t)dt + \vec{j}\int f_y(t)dt + \vec{k}\int f_z(t)dt \qquad (2.3.2)$$

となります[*2]．すなわち，ベクトル関数を積分するには成分ごとに積分します．

$\vec{A}$，$\vec{B}$ をベクトル関数，k を定数，$\vec{K}$ を定数ベクトルとしたとき以下の関係式が成り立ちます．

Point

(1) $\displaystyle\int (\vec{A} + \vec{B})dt = \int \vec{A}dt + \int \vec{B}dt$, (2) $\displaystyle\int k\vec{A}dt = k\int \vec{A}dt$

(3) $\displaystyle\int \vec{K} \cdot \vec{A}dt = \vec{K} \cdot \int \vec{A}dt$, (4) $\displaystyle\int \vec{K} \times \vec{A}dt = \vec{K} \times \int \vec{A}dt$

ベクトルの内積や外積に対して**置換積分法**や**部分積分法**に対応する以下の公式が成り立ちます（章末問題参照）．

Point

(5) $\displaystyle\int \vec{A}(s(t))ds = \int \vec{A}(s(t))\frac{ds}{dt}dt$

(6) $\displaystyle\int \vec{A} \cdot \frac{d\vec{B}}{dt}dt = \vec{A} \cdot \vec{B} - \int \frac{d\vec{A}}{dt} \cdot \vec{B}dt$

(7) $\displaystyle\int \vec{A} \times \frac{d\vec{B}}{dt}dt = \vec{A} \times \vec{B} - \int \frac{d\vec{A}}{dt} \times \vec{B}dt$

[*2] $\vec{k}$ の項をなくせば2次元のベクトル関数になります（以下同様）．

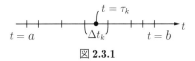

図 2.3.1

　ベクトル関数の定積分もふつうのスカラー関数の定積分と同様に次のように
して定義できます．ベクトル関数 $\vec{f}(t)$ が区間 $[a, b]$ で連続であるとします．
この区間を微小区間 $\Delta t_1,\ \Delta t_2,\ \cdots,\ \Delta t_n$ に分割します．この分割は等間隔であ
る必要はありませんが，$n \to \infty$ のとき，すべての区間幅は 0 になるとします．
さらに各区間内の任意の一点を，$\tau_1,\ \tau_2,\ \cdots,\ \tau_n$ とします（図 2.3.1）．このとき，

$$\vec{S}_n = \vec{f}(\tau_1)\Delta t_1 + \vec{f}(\tau_2)\Delta t_2 + \cdots + \vec{f}(\tau_n)\Delta t_n = \sum_{k=1}^{n} \vec{f}(\tau_k)\Delta t_k$$

とすれば，この和は $n \to \infty$ のとき一定値に収束することが証明できます．そ
の一定値をベクトル関数 $\vec{f}(t)$ の定積分とよび，

$$\int_a^b \vec{f}(t)dt = \lim_{n\to\infty} \sum_{k=1}^{n} \vec{f}(\tau_k)\Delta t_k \tag{2.3.3}$$

で表します．式(2.3.3) の右辺は成分表示すれば，$\vec{f} = (f_x, f_y, f_z)$ として

$$\begin{aligned}
\lim_{n\to\infty} \sum_{k=1}^{n} \vec{f}(\tau_k)\Delta t_k &= \lim_{n\to\infty} \sum_{k=1}^{n} (f_x(\tau_k)\Delta t_k \vec{i} + f_y(\tau_k)\Delta t_k \vec{j} + f_z(\tau_k)\Delta t_k \vec{k}) \\
&= \lim_{n\to\infty} \sum_{k=1}^{n} f_x(\tau_k)\Delta t_k \vec{i} + \lim_{n\to\infty} \sum_{k=1}^{n} f_y(\tau_k)\Delta t_k \vec{j} + \lim_{n\to\infty} \sum_{k=1}^{n} f_z(\tau_k)\Delta t_k \vec{k} \\
&= \vec{i} \int_a^b f_x(t)dt + \vec{j} \int_a^b f_y(t)dt + \vec{k} \int_a^b f_z(t)dt
\end{aligned}$$

となります．したがって

$$\int_a^b \vec{f}(t)dt = \vec{i} \int_a^b f_x(t)dt + \vec{j} \int_a^b f_y(t)dt + \vec{k} \int_a^b f_z(t)dt \tag{2.3.4}$$

が成り立ちます．すなわち，ベクトル関数を定積分するには成分ごとに定積分
すればよいことになります．

　さらに $\vec{F}(t)$ を $\vec{f}(t)$ のひとつの不定積分とすれば，スカラー関数と同様に

$$\int_a^b \vec{f}(t)dt = [\vec{F}(t)]_a^b = \vec{F}(b) - \vec{F}(a) \tag{2.3.5}$$

が成り立ちます．これらも成分に分けて考えれば明らかです．また，定積分に
対して，不定積分と同様の置換積分や部分積分の公式が成り立つのはスカラー
関数の積分の場合と同じです．

Example 2.3.1

$\vec{A} = u^2\vec{i} - (u+1)\vec{j} + 2u\vec{k}$, $B = (2u-1)\vec{i} + \vec{j} - u\vec{k}$ のとき次の定積分を求めなさい.

(1) $\displaystyle\int_0^1 \vec{A}du$,   (2) $\displaystyle\int_0^1 \vec{A}\cdot\vec{B}du$,   (3) $\displaystyle\int_0^1 \vec{A}\times\vec{B}du$

[**Answer**]

(1) $\displaystyle\int_0^1 (u^2\vec{i}-(u+1)\vec{j}+2u\vec{k})du = \left[\frac{u^3}{3}\vec{i} - \left(\frac{u^2}{2}+u\right)\vec{j} + u^2\vec{k}\right]_0^1 = \frac{1}{3}\vec{i} - \frac{3}{2}\vec{j} + \vec{k}$

(2) $\vec{A}\cdot\vec{B} = u^2(2u-1) - (u+1) - 2u^2 = 2u^3 - 3u^2 - u - 1$

$\displaystyle\int_0^1 \vec{A}\cdot\vec{B}du = \int_0^1 (2u^3 - 3u^2 - u - 1)du = \left[\frac{u^4}{2} - u^3 - \frac{u^2}{2} - u\right]_0^1 = -2$

(3) $\vec{A}\times\vec{B} = \begin{vmatrix} \vec{i} & \vec{j} & \vec{k} \\ u^2 & -(u+1) & 2u \\ 2u-1 & 1 & -u \end{vmatrix}$

$\qquad = (u^2-u)\vec{i} + (u^3+4u^2-2u)\vec{j} + (3u^2+u-1)\vec{k}$

$\displaystyle\int_0^1 \vec{A}\times\vec{B}du = \int_0^1 [(u^2-u)\vec{i} + (u^3+4u^2-2u)\vec{j} + (3u^2+u-1)\vec{k}]du$

$\qquad = \left[\left(\frac{u^3}{3} - \frac{u^2}{2}\right)\vec{i} + \left(\frac{u^4}{4} + \frac{4}{3}u^3 - u^2\right)\vec{j} + \left(u^3 + \frac{u^2}{2} - u\right)\vec{k}\right]_0^1$

$\qquad = -\frac{\vec{i}}{6} + \frac{7}{12}\vec{j} + \frac{\vec{k}}{2}$

2.4　空間曲線

ベクトル関数

$$\vec{r}(t) = x(t)\vec{i} + y(t)\vec{j} + z(t)\vec{k} \qquad (2.4.1)$$

の終点は t が変化するとき空間内の曲線を描きます. t が a から b に増加するとき, 描いた曲線の長さ (**弧長**) を求めてみます. そのために区間 $[a, b]$ を微小な弧に分けて, その弧の長さを足し合わせて全体の長さを求めます. 全体を n 個の弧に分けたとして, 先頭から数えて i 番目の弧に対応する t の区間を $[t_{i-1}, t_i]$ とします (図 2.4.1). 区間幅が十分に短ければ, 弧の長さと, 弧

の両端を結ぶ弦の長さはほぼ等しいと考えられます. すなわち弧の長さを Δs_i とすれば

$$\Delta s_i \sim \sqrt{(x(t_i) - x(t_{i-1}))^2 + (y(t_i) - y(t_{i-1}))^2 + (z(t_i) - z(t_{i-1})^2}$$

となります. ここで, $\Delta t_i = t_i - t_{i-1}$ とおいて**テイラー展開**[*3] を用いれば

$$x(t_i) - x(t_{i-1}) = x(t_{i-1} + \Delta t_i) - x(t_{i-1})$$
$$= x(t_{i-1}) + \Delta t_i \frac{dx}{dt} + O((\Delta t)^2) - x(t_{i-1}) \sim \Delta t_i \frac{dx}{dt}$$

となります.

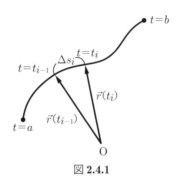

図 2.4.1

同様に

$$y(t_i) - y(t_{i-1}) \sim \Delta t_i \frac{dy}{dt}$$

$$z(t_i) - z(t_{i-1}) \sim \Delta t_i \frac{dz}{dt}$$

となるため,

$$\Delta s_i \sim \sqrt{\left(\frac{dx}{dt}\right)^2 + \left(\frac{dy}{dt}\right)^2 + \left(\frac{dz}{dt}\right)^2} \, \Delta t_i$$

と近似できます. そこでこれらを足し合わせて, $n \to \infty$ とすれば定積分の定義から, 弧長 s は

Point

$$s = \lim_{n \to \infty} \sum_{i=1}^{n} \Delta s_i = \int_a^b \sqrt{\left(\frac{dx}{dt}\right)^2 + \left(\frac{dy}{dt}\right)^2 + \left(\frac{dz}{dt}\right)^2} \, dt = \int_a^b \left|\frac{d\vec{r}}{dt}\right| dt \quad (2.4.2)$$

[*3] $\quad x(t + \Delta t) = x(t) + \Delta t \frac{dx}{dt}(t) + \frac{(\Delta t)^2}{2} \frac{d^2 x}{dt^2}(t) + \cdots$

となることがわかります.

Example 2.4.1

曲線 $\vec{r} = a\cos t\vec{i} + a\sin t\vec{j} + bt\vec{k}$ 上の点 $t = 0$ と $t = T$ の間の弧長を求めなさい.

[**Answer**]

$x = a\cos t,\ y = a\sin t,\ z = bt$ であるので

$$\left(\frac{dx}{dt}\right)^2 + \left(\frac{dy}{dt}\right)^2 + \left(\frac{dz}{dt}\right)^2 = (-a\sin t)^2 + (a\cos t)^2 + b^2 = a^2 + b^2$$

$$s = \int_0^T \sqrt{\left(\frac{dx}{dt}\right)^2 + \left(\frac{dy}{dt}\right)^2 + \left(\frac{dz}{dt}\right)^2}\, dt = \int_0^T \sqrt{a^2 + b^2}\, dt = \sqrt{a^2 + b^2}\, T$$

なお,この曲線は図 2.4.2 に示すような螺旋を表します.

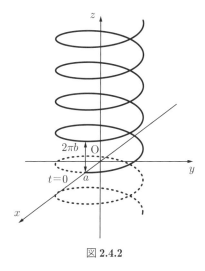

図 **2.4.2**

（1）接線と主法線

弧長を求める式において積分区間の上端を変数 t とすれば,弧長は t の関数

$$s(t) = \int_a^t \left|\frac{d\vec{r}}{dt}\right|\, dt \tag{2.4.3}$$

になります．被積分関数は正であるため，関数 $s(t)$ は t の増加にともない単調増加します．したがって，$\vec{r}(t)$ の独立変数として t のかわりに s をとれば $\vec{r}(s)$ に変えることもできます．

このように考えた上で $\vec{r}$ を s で微分すれば

$$\frac{d\vec{r}}{ds} = \frac{d\vec{r}}{dt}\frac{dt}{ds}$$

となりますが，その大きさは（式(2.4.3)の積分の上端を s にした式を s で微分すれば）$ds/dt = |d\vec{r}/dt|$ となるので

$$\left|\frac{d\vec{r}}{ds}\right| = \left|\frac{d\vec{r}}{dt}\right|\left|\frac{dt}{ds}\right| = \frac{ds}{dt}\frac{dt}{ds} = 1$$

です．一方，図 2.4.3 から $d\vec{r}/dt$ は $\vec{r}$ の描く接線の方向を向いています．そこで

$$\vec{t} = \frac{d\vec{r}}{ds} = \frac{d\vec{r}}{dt}\bigg/\left|\frac{ds}{dt}\right| \tag{2.4.4}$$

は**接線単位ベクトル**とよばれています．

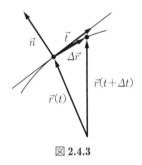

図 **2.4.3**

$\vec{t}\cdot\vec{t} = 1$ をもう一度 s で微分すれば

$$\vec{t}\cdot\frac{d\vec{t}}{ds} = 0$$

となるため，$d\vec{t}/ds$ は接線に垂直になります．したがって，

$$\vec{n} = \frac{d\vec{t}}{ds}\bigg/\left|\frac{d\vec{t}}{ds}\right| \tag{2.4.5}$$

は大きさが 1 で接線に垂直なベクトルを表し，**主法線単位ベクトル**とよばれています．

（2）曲率

図 2.4.4 を見てもわかるように，大きく曲がっている曲線ほど $\vec{t}$ の変化の割合が大きくなっています．逆の極端な例として直線（曲がっていない曲線）では $\vec{t}$ の変化はありません．そこで，曲線の曲がり方の指標として，ベクトル $d\vec{t}/ds$ の大きさ $|d\vec{t}/ds|$ をとることができます．ここで $d\vec{t}/ds$ の幾何学的な意味をもう少し詳しく考えてみます．$\vec{t}$ は接線単位ベクトルであるため

$$\Delta\vec{t} = \vec{t}(s + \Delta s) - \vec{t}(s)$$

は接線の方向の変化であり，$|\Delta\vec{t}|$ は図 2.4.5 から $\vec{t}$ の回転率 $\Delta\theta$ とほぼ等しくなります．そこで

Point

$$\kappa = \lim_{\Delta s \to 0}\left|\frac{\Delta\vec{t}}{\Delta s}\right| = \left|\frac{d\vec{t}}{ds}\right| = \left|\frac{d^2\vec{r}}{ds^2}\right| \tag{2.4.6}$$

で定義される κ は曲線の曲がり方の指標となる数であり，**曲率**とよんでいます．

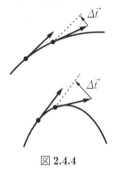

図 **2.4.4**

また，曲率の逆数

$$\rho = \frac{1}{\kappa} \tag{2.4.7}$$

を**曲率半径**といいます．（ただし $\kappa = 0$ のときは $\rho = \infty$ とします．）これは，図 2.4.5 および式 (2.4.6) から $|\Delta s| \fallingdotseq |\Delta t|/\kappa = \rho|\Delta\theta|$ になるため，ρ が曲線の微小部分を円弧とみなしたときの円の半径になるからです．また，このとき円の中心を**曲率中心**とよんでいます．

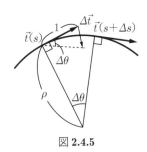

図 **2.4.5**

曲率半径を用いれば，主法線単位ベクトルは

$$\vec{n} = \frac{1}{\kappa}\frac{d\vec{t}}{ds} = \frac{1}{\kappa}\frac{d^2\vec{r}}{ds^2} \qquad (2.4.8)$$

と書けます.

（3）ねじれ率

　2次元曲線は曲率で特徴づけられます．しかし，ひとつの平面内には限られない3次元曲線の場合には曲率だけでは不十分です．たとえば，2次元平面内の曲線

$$\vec{r}(= x\vec{i} + y\vec{j}) = \sqrt{\frac{a^2}{a^2+b^2}}\cos t\,\vec{i} + \sqrt{\frac{a^2}{a^2+b^2}}\sin t\,\vec{j}$$

の曲率は $a/\sqrt{a^2+b^2}$ です．このことは，曲率の計算をしなくても上式が半径（曲率半径）$\sqrt{(a^2+b^2)/a}$ の円

$$x^2 + y^2 = (a^2+b^2)/a^2$$

を表すことから明らかです．一方，**Example 2.4.1** で示した3次元曲線の螺旋も同じ曲率をもちます.

　平面内の曲線では単位接線ベクトル $\vec{t}$ と（主）法線単位ベクトル $\vec{n}$ はその曲線が定義されている平面内にあります．いいかえれば，ベクトル $\vec{t}$ と $\vec{n}$ からつくったベクトル積

$$\vec{b} = \vec{t} \times \vec{n}$$

は，大きさは1で方向は平面に垂直であるため，曲線に沿って一定です．一方，図 2.4.6 に示すようにひとつの平面内にない曲線では $\vec{b}$ は曲線に沿って変化します．そこで，曲率にならって $\vec{b}$ の変化の割合の大きさ $|d\vec{b}/ds|$ が3次元曲線

を特徴づける量になります．これを**ねじれ率**とよびτで表します．次節で示すように

$$\frac{d\vec{b}}{ds} = -\tau\vec{n}$$

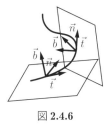

図 **2.4.6**

ただし，

$$\tau = \frac{1}{\kappa^2}\vec{t}\cdot(\vec{t'}\times\vec{t''}) \tag{2.4.9}$$

という関係が成り立ちます．すなわち，ねじれ率は接線単位ベクトル$\vec{t}$およびその1階微分$\vec{t'}$と2階微分$\vec{t''}$からつくったスカラー3重積を曲率の2乗で割った量になっています．あるいは式(1.6.2)と$\vec{t}=\vec{r'}$から，式(2.4.9)は

$$\tau = \frac{1}{\kappa^2}|\vec{t}\,\vec{t'}\vec{t''}| = \frac{1}{\kappa^2}|\vec{r'}\vec{r''}\vec{r'''}| \tag{2.4.10}$$

とも書けます．ただし，記号$|\cdots|$は行列式を表します．

2.5　フルネ・セレの公式

ねじれ率のところでも述べましたが，3次元の空間曲線を考えるとき，接線単位ベクトルと主法線単位ベクトルの両方に垂直な単位ベクトル$\vec{b}$が，ベクトル積を用いて

$$\vec{b} = \vec{t}\times\vec{n} \tag{2.5.1}$$

によって定義できます．このベクトルは曲線に垂直であるためやはり法線であり，**従法線単位ベクトル**とよばれています．さらに，図2.5.1に示すように曲線上のある点における$\vec{t}$と$\vec{n}$によって張られる平面を**接触平面**，$\vec{n}$と$\vec{b}$によって張られる平面を**法平面**，$\vec{t}$と$\vec{b}$から張られる平面を**展直平面**とよんでいます．もちろん，一般にこれらの平面は点Pの位置によって方向が変化します．

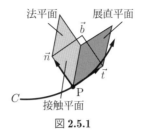

図 **2.5.1**

　以下に接線単位ベクトル，主法線単位ベクトルおよび従法線単位ベクトルの間に成り立つ関係式を示します．

　まず，式(2.4.8) から

$$\frac{d\vec{t}}{ds} = \kappa\vec{n} \tag{2.5.2}$$

となります．

　次に $\vec{b}$ と $\vec{n}$ の関係を求めてみます．$\vec{b} = \vec{t} \times \vec{n}$ を s で微分すれば

$$\vec{b}' = (\vec{t} \times \vec{n})' = \vec{t}' \times \vec{n} + \vec{t} \times \vec{n}' = (\kappa\vec{n}) \times \vec{n} + \vec{t} \times \vec{n}' \tag{2.5.3}$$

となります．ただし，式(2.5.2) を用いています．ここで $\vec{n} \times \vec{n} = 0$ なので

$$\vec{b}' = \vec{t} \times \vec{n}' \tag{2.5.4}$$

が得られます．この式から $\vec{b}'$ は $\vec{t}$（と $\vec{n}'$）に垂直であることがわかります．一方，$\vec{b}$ は単位ベクトルであるため，

$$\vec{b} \cdot \vec{b} = |\vec{b}|^2 = 1$$

を s 微分すれば，定数の微分は 0 であるため

$$(\vec{b} \cdot \vec{b})' = \vec{b}' \cdot \vec{b} + \vec{b} \cdot \vec{b}' = 2\vec{b}' \cdot \vec{b} = 0$$

となります．この式は $\vec{b}'$ と $\vec{b}$ が垂直であることを示しています．したがって，$\vec{b}'$ は $\vec{t}$ と $\vec{b}$ の両方に垂直ですが，$\vec{n}$ も（$\vec{b}$ の定義から）$\vec{t}$ と $\vec{b}$ に垂直です（図2.5.1）．このことは，$\vec{b}'$ と $\vec{n}$ が平行であることを意味しています．そこで，c をスカラーの定数とすれば

$$\vec{b}' = -c\vec{n} \tag{2.5.5}$$

と書けます．c の値を求めるために，この式と $\vec{n}$ の内積を計算すれば，$\vec{n}$ が単位ベクトルであるため

$$c = \vec{n} \cdot c\vec{n} = \vec{n} \cdot (-\vec{b}') = -\vec{n} \cdot \vec{b}'$$

となります．この式に式(2.5.4)を代入すれば

$$c = -\vec{n} \cdot (\vec{t} \times \vec{n}') = \vec{n} \cdot (\vec{n}' \times \vec{t}) = \vec{t} \cdot (\vec{n} \times \vec{n}') \tag{2.5.6}$$

が得られます．ただし，スカラー3重積の性質(1.6.3)を用いています．さらに，式(2.5.2)をκで割った式をsで微分すれば

$$\vec{n}' = \left(\frac{\vec{t}'}{\kappa}\right)' = \frac{\vec{t}''\kappa - \vec{t}'\kappa'}{\kappa^2} = \frac{1}{\kappa}\vec{t}'' - \frac{\kappa'}{\kappa^2}\vec{t}'$$

となるため，これを式(2.5.6)に代入すれば

$$c = \vec{t} \cdot \left(\frac{\vec{t}'}{\kappa} \times \left(\frac{1}{\kappa}\vec{t}'' - \frac{\kappa'}{\kappa^2}\vec{t}'\right)\right)$$

$$= \vec{t} \cdot \left(\frac{\vec{t}'}{\kappa} \times \frac{\vec{t}''}{\kappa}\right) - \vec{t} \cdot \left(\frac{\vec{t}'}{\kappa} \times \frac{\kappa'}{\kappa^2}\vec{t}'\right) = \frac{1}{\kappa^2}\vec{t} \cdot (\vec{t}' \times \vec{t}'') = \tau$$

となります．ただし，$\vec{t}' \times \vec{t}' = 0$とねじれ率の定義式(2.4.9)を用いています．$c$の値が決まったので，これを式(2.5.5)に代入すれば，関係式

$$\frac{d\vec{b}}{ds} = -\tau\vec{n} \tag{2.5.7}$$

が得られます．

　最後に$\vec{n} = \vec{b} \times \vec{t}$を$s$で微分すれば

$$\vec{n}' = (\vec{b} \times \vec{t})' = \vec{b}' \times \vec{t} + \vec{b} \times \vec{t}'$$

となりますが，式(2.5.2)と式(2.5.7)を用いれば，

$$\vec{n}' = \kappa\vec{b} \times \vec{n} - \tau\vec{n} \times \vec{t} = -\kappa\vec{t} + \tau\vec{b} \tag{2.5.8}$$

が得られます．ただし，$\vec{b} \times \vec{n} = -\vec{t}$と$-\vec{n} \times \vec{t} = \vec{t} \times \vec{n} = \vec{b}$を用いました．式(2.5.2)，(2.5.7)，(2.5.8)すなわち，$\vec{t}$と$\vec{n}$と$\vec{b}$の間の関係式

Point

$$\frac{d\vec{t}}{ds} = \kappa\vec{n}$$

$$\frac{d\vec{n}}{ds} = -\kappa\vec{t} + \tau\vec{b} \tag{2.5.9}$$

$$\frac{d\vec{b}}{ds} = -\tau\vec{n}$$

をフルネ・セレの公式といいます．

2.6　曲面

　ある点の位置ベクトル $\vec{r}$ が２つの独立変数 (u, v) の関数

$$\vec{r}(u, v) = x(u, v)\vec{i} + y(u, v)\vec{j} + z(u, v)\vec{k}$$

であるとき，u, v の変化にともない，その点は空間内の曲面を描くことは 2.4 節で述べました．この曲面は v を固定したときにできる曲線群（u 曲線といいます）と u を固定したときにできる曲線群（v 曲線といいます）とがつくる曲面になっています．ここで偏微分係数 $\partial\vec{r}/\partial u$ は u 曲線の接線方向のベクトルであり，$\partial\vec{r}/\partial v$ は v 曲線の接線方向のベクトルになっています．この２つの接線がなす角度が 0 または π でないときには，この２つのベクトルによって１つの平面が指定できます（図 2.6.1）．この平面は曲線に接しているため**接平面**とよばれます．接平面に垂直なベクトルは曲面の**法単位ベクトル**といいますが，それを $\vec{n}$ と記すことにします．このとき

$$\vec{n} = \frac{\partial\vec{r}}{\partial u} \times \frac{\partial\vec{r}}{\partial v} \left/ \left| \frac{\partial\vec{r}}{\partial u} \times \frac{\partial\vec{r}}{\partial v} \right| \right. \tag{2.6.1}$$

となります[*4]．なぜなら，ベクトル積の定義から，このベクトルは２つのベクトルに垂直であり，さらに大きさも 1 であることが容易に確かめられるからです．

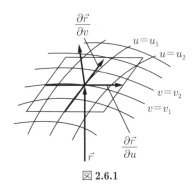

図 **2.6.1**

　図 2.6.2 に示すように u 曲線と v 曲線から構成される微小な平行四辺形の面積 ΔS を求めてみます．これは，ベクトル積の定義から $|\Delta\vec{A} \times \Delta\vec{B}|$ となり，

[*4]　分母は 0 でないとしています．もし 0 ならば２つのベクトルのなす角が 0 または π になり平面をつくることはできません．

$$\Delta \vec{A} \sim \frac{\partial \vec{r}}{\partial u} \Delta u, \quad \Delta \vec{B} \sim \frac{\partial \vec{r}}{\partial v} \Delta v$$

を代入すれば

$$\Delta S \sim \left| \frac{\partial \vec{r}}{\partial u} \times \frac{\partial \vec{r}}{\partial v} \right| \Delta u \Delta v$$

となるため，Δu，$\Delta v \to 0$ の極限で

$$dS = \left| \frac{\partial \vec{r}}{\partial u} \times \frac{\partial \vec{r}}{\partial v} \right| du dv \tag{2.6.2}$$

となります．これを面積素といいます．**面積素**に単位法線方向の向きを付加したものを**ベクトル面積素**とよび，$d\vec{S}$ で表します．このとき，式(2.6.1)，(2.6.2) から

$$d\vec{S} = \vec{n} dS = \frac{\partial \vec{r}}{\partial u} \times \frac{\partial \vec{r}}{\partial v} du dv \tag{2.6.3}$$

です．

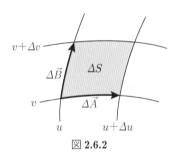

図 2.6.2

曲面上にある領域 D の**表面積** S は，この面積素を領域 D で積分すれば求まり

Point

$$S = \int \int_D \left| \frac{\partial \vec{r}}{\partial u} \times \frac{\partial \vec{r}}{\partial v} \right| du dv \tag{2.6.4}$$

となります．

Example 2.6.1

曲面

$$\vec{r} = \cos u \sin v \vec{i} + \sin u \sin v \vec{j} + \cos v \vec{k} \quad (0 \leq u < 2\pi, 0 \leq v < \pi)$$

の単位法線ベクトル，面積素 dS および表面積を求めなさい．

[Answer]

$$\frac{\partial \vec{r}}{\partial u} = -\sin u \sin v \vec{i} + \cos u \sin v \vec{j}$$

$$\frac{\partial \vec{r}}{\partial v} = \cos u \cos v \vec{i} + \sin u \cos v \vec{j} - \sin v \vec{k}$$

$$\frac{\partial \vec{r}}{\partial u} \times \frac{\partial \vec{r}}{\partial v} = \begin{vmatrix} \vec{i} & \vec{j} & \vec{k} \\ -\sin u \sin v & \cos u \sin v & 0 \\ \cos u \cos v & \sin u \cos v & -\sin v \end{vmatrix}$$

$$= -\cos u \sin^2 v \vec{i} - \sin u \sin^2 v \vec{j} - \sin v \cos v (\sin^2 u + \cos^2 u)\vec{k}$$

したがって,

$$dS = \left| \frac{\partial \vec{r}}{\partial u} \times \frac{\partial \vec{r}}{\partial v} \right| = |\sin v| \, dudv$$

表面積は

$$S = \int_S dS = \int_0^{2\pi} du \int_0^\pi \sin v dv = 2\pi \times 2 = 4\pi$$

1. $\vec{A} = t\vec{i} + 2t^2\vec{j} - 3t^3\vec{k}$，$B = \sin t\vec{i} - \cos t\vec{j} + t\vec{k}$ のとき以下の計算をしなさい.

   (a) $\dfrac{d}{dt}\vec{A} \cdot \vec{B}$ (b) $\dfrac{d}{dt}\vec{A} \times \vec{B}$ (c) $\dfrac{d}{dt}|\vec{B}|^2$ (d) $\displaystyle\int \vec{B}dt$ (e) $\displaystyle\int_1^2 \vec{A}dt$

2. $\vec{A}$，$\vec{B}$ をベクトル関数としたとき次の公式を証明しなさい.

   (a) $(\vec{A} \cdot \vec{B})' = \vec{A}' \cdot \vec{B} + \vec{A} \cdot \vec{B}'$

   (b) $(\vec{A} \times \vec{B})' = \vec{A}' \times \vec{B} + \vec{A} \times \vec{B}'$

   (c) $\displaystyle\int \vec{A} \cdot \dfrac{d\vec{B}}{dt}dt = \vec{A} \cdot \vec{B} - \int \dfrac{d\vec{A}}{dt} \cdot \vec{B}dt$

   (d) $\displaystyle\int \vec{A} \times \dfrac{d\vec{B}}{dt}dt = \vec{A} \times \vec{B} - \int \dfrac{d\vec{A}}{dt} \times \vec{B}dt$

3. 平面曲線 $y = f(x)$ の曲率半径は次式で与えられることを示しなさい.
$$\kappa = \pm \frac{d^2y}{dx^2}\left/\left(1 + \left(\frac{dy}{dx}\right)^2\right)^{3/2}\right.$$

4. $\vec{f} = \tau\vec{t} + \kappa\vec{b}$ とおけば
$$\frac{d\vec{t}}{ds} = \vec{f} \times \vec{t}, \ \frac{d\vec{n}}{ds} = \vec{f} \times \vec{n}, \ \frac{d\vec{b}}{ds} = \vec{f} \times \vec{b}$$

   はフルネ・セレの公式と同一であることを示しなさい.

5. 曲面 $z = f(x, y)$ の法線単位ベクトル $\vec{n}$ と面積 S は次式で与えられることを示しなさい.

   (a) $\vec{n} = \dfrac{-(\partial f/\partial x)\vec{i} - (\partial f/\partial y)\vec{j} + \vec{k}}{\sqrt{1 + (\partial f/\partial x)^2 + (\partial f/\partial y)^2}}$

   (b) $S = \displaystyle\iint_S \sqrt{1 + (\partial f/\partial x)^2 + (\partial f/\partial y)^2}dxdy$

Chapter 3

スカラー場とベクトル場

3.1 方向微分係数

微分係数とは，1 変数 x の関数 $f(x)$ の場合には，

$$\frac{df}{dx} = \lim_{\Delta x \to 0} \frac{f(x + \Delta x) - f(x)}{\Delta x}$$

で定義されます．これは，2 つの近接点 x, $x + \Delta x$ における関数値の変化を，x の増分 Δx で割った値です．一方，2 変数以上の関数の場合には，近接した場所といってもいくらでも考えられるため，どの変数に関する微分であるかということを指定する必要がありました．そして，その微分係数を（その変数に関する）**偏微分係数**とよびました．たとえば 3 変数の関数 $u(x, y, z)$ に対して，x に関する偏微分係数は

$$\frac{\partial u}{\partial x} = \lim_{\Delta x \to 0} \frac{u(x + \Delta x, y, z) - u(x, y, z)}{\Delta x}$$

で定義されました．これは，y, z を固定して考えているため，x 軸に平行な直線上において 2 つの近接点を考え，この直線に沿って点を近づけたことになります．同様に $\partial u/\partial y$, $\partial u/\partial z$ はそれぞれ，y 軸および z 軸に沿って点を近づけて微分係数を計算しています（図 3.1.1）．しかし，前述のとおり近づけ方はいくらでも考えられるため，微分係数はこの 3 種類に限られるわけではありませ

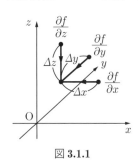

図 **3.1.1**

ん. そこで，ある点における微分係数を，その点を通る任意の直線 l を考え，その直線に沿って点を近づけて計算することを考えます. このような微分係数を直線 l に沿う**方向微分係数**とよんでいます.

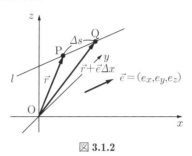

図 **3.1.2**

いま，図 3.1.2 に示すように微分係数を考える点を P, 直線 l 上の近接点を Q, PQ 間の距離を Δs とし，また，l に平行な単位ベクトルを $\vec{e} = (e_x, e_y, e_z)$ とします. ベクトル PQ は $\vec{e}\Delta s = (e_x\Delta s, e_y\Delta s, e_z\Delta s)$ と表せるため，P の位置ベクトルを $\vec{r} = (x, y, z)$ としたとき，Q の位置ベクトルは

$$\vec{r} + \vec{e}\Delta s = (x + e_x\Delta s, y + e_y\Delta s, z + e_z\Delta s)$$

となります. したがって，方向微分係数 du/ds は，定義から

$$\frac{du}{ds} = \lim_{\Delta s \to 0} \frac{u(x + e_x\Delta s, y + e_y\Delta s, z + e_z\Delta s) - u(x, y, z)}{\Delta s}$$

となります. **多変数のテイラー展開**の公式

$$u(x + \Delta x, y + \Delta y, z + \Delta z)$$
$$= u(x, y, z) + \Delta x\frac{\partial u}{\partial x} + \Delta y\frac{\partial u}{\partial y} + \Delta z\frac{\partial u}{\partial z} + O((\Delta s)^2)$$

において，$\Delta x = e_x\Delta s$, $\Delta y = e_y\Delta s$, $\Delta z = e_z\Delta s$ と考えれば，

$$u(x + e_x\Delta s, y + e_y\Delta s, z + e_z\Delta s)$$
$$= u(x, y, z) + e_x\Delta s\frac{\partial u}{\partial x} + e_y\Delta s\frac{\partial u}{\partial y} + e_z\Delta s\frac{\partial u}{\partial z} + O((\Delta s)^2)$$

であるため（ただし $O((\Delta s)^2)/\Delta s$ は $\Delta s \to 0$ のとき 0），これを定義式に代入して極限をとれば

$$\frac{du}{ds} = e_x\frac{\partial u}{\partial x} + e_y\frac{\partial u}{\partial y} + e_z\frac{\partial u}{\partial z} \tag{3.1.1}$$

となります.

特にこの式で，u として順に x, y, z を代入すれば

$$\frac{dx}{ds} = e_x, \quad \frac{dy}{ds} = e_y, \quad \frac{dz}{ds} = e_z$$

となるため，式(3.1.1) は

> **Point**
>
> $$\frac{du}{ds} = \frac{\partial u}{\partial x}\frac{dx}{ds} + \frac{\partial u}{\partial y}\frac{dy}{ds} + \frac{\partial u}{\partial z}\frac{dz}{ds}$$
> (3.1.2)

と書くこともできます．

3.2　勾配

式(3.1.1) または式(3.1.2) はスカラー積を用いれば

$$\frac{du}{ds} = \left(\frac{\partial u}{\partial x}\vec{i} + \frac{\partial u}{\partial y}\vec{j} + \frac{\partial u}{\partial z}\vec{k}\right) \cdot (e_1\vec{i} + e_2\vec{j} + e_3\vec{k})$$

$$= \left(\frac{\partial u}{\partial x}\vec{i} + \frac{\partial u}{\partial y}\vec{j} + \frac{\partial u}{\partial z}\vec{k}\right) \cdot \left(\frac{dx}{ds}\vec{i} + \frac{dy}{ds}\vec{j} + \frac{dz}{ds}\vec{k}\right)$$

と書くことができます．ここで内積のはじめの部分を，関数 $u(x, y, z)$ の**勾配**
(gradient) とよび，grad u と表します．すなわち

> **Point**
>
> $$\mathrm{grad}\, u = \frac{\partial u}{\partial x}\vec{i} + \frac{\partial u}{\partial y}\vec{j} + \frac{\partial u}{\partial z}\vec{k}$$
> (3.2.1)

です．勾配はスカラー関数から作られるベクトル関数になっています．記号 ∇
（**ナブラ演算子**）を

> **Point**
>
> $$\nabla = \vec{i}\frac{\partial}{\partial x} + \vec{j}\frac{\partial}{\partial y} + \vec{k}\frac{\partial}{\partial z}$$
> (3.2.2)

で定義することにします．この記号は，それだけでは意味がなく，右から関数を作用させて新たな関数をつくるものであり，演算子とよばれるもののひとつです．この記号を用いれば関数 u の勾配は

$$\text{grad}\, u = \nabla u \tag{3.2.3}$$

方向微分係数は

Point

$$\frac{du}{ds} = \nabla u \cdot \frac{d\vec{r}}{ds} = \nabla u \cdot \vec{e} \tag{3.2.4}$$

と書くことができます．

Example 3.2.1

$f = x^2 yz + 4xz^3$ に対して ∇f を求めなさい．また f の点 P$(1, -2, 1)$ において，単位ベクトル $\vec{e} = 2\vec{i}/3 - \vec{j}/3 - 2\vec{k}/3$ 方向の方向微分係数を求めなさい．

[**Answer**]

$$\nabla f = (2xyz + 4z^3)\vec{i} + x^2 z\vec{j} + (x^2 y + 12xz^2)\vec{k}$$

点 P における ∇f の値は上式に $x = 1$, $y = -2$, $z = 1$ を代入して

$$(\nabla f)_P = \vec{j} + 10\vec{k}$$

したがって

$$\left(\frac{df}{ds}\right)_P = \vec{e} \cdot (\nabla f)_P = \left(\frac{2}{3}\vec{i} - \frac{1}{3}\vec{j} - \frac{2}{3}\vec{k}\right) \cdot (\vec{j} + 10\vec{k}) = -7$$

■勾配（grad）の意味

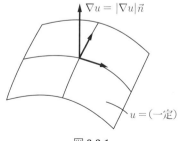

図 **3.2.1**

　勾配の幾何学的な意味を考えてみます．いま図 3.2.1 に示すように $u = $ 一定という面を考えます．このような面を**等値面**といいます．このような面上に任意の曲線を考えて，その接線方向の方向微分を考えると，この面で $u = $ 一定であるため，方向微分も 0，すなわち

$$\frac{du}{ds} = \nabla u \cdot \frac{d\vec{r}}{ds} = 0 \tag{3.2.5}$$

となります．ここで，$d\vec{r}/ds$ は接線方向のベクトルなので，∇u はこの接線に垂直になります．このことは，$u = $ 一定の面内のすべての曲線について成り立つため，結局，∇u は $u = $ 一定の曲面に垂直なベクトル，いいかえれば法線ベクトルであることがわかります．したがって，

$$\vec{n} = \frac{\nabla u}{|\nabla u|} \tag{3.2.6}$$

は $u = $ 一定の曲面の単位法線ベクトルになります．

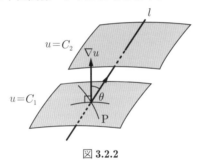

l

$u = C_2$　∇u

$u = C_1$　θ

P

図 3.2.2

　次に空間内に 1 点 P を考えたとき，点 P を通る任意の直線 l の方向への u 方向微分は

$$\frac{du}{ds} = \nabla u \cdot \vec{e} = |\nabla u||\vec{e}| \cos\theta = |\nabla u| \cos\theta \tag{3.2.7}$$

となります．ただし，$\vec{e}$ は l 方向の単位ベクトルを表します．ここで l の方向を変化させたとき，$\theta = 0$ の場合に du/ds は最大値 $|\nabla u|$ をとります．いいかえれば，∇u は u の変化が最大になる方向を向いています．

3.3 発散

　勾配はスカラー関数からベクトル関数をつくる演算でしたが，今度はベクトル関数からスカラー関数をつくる演算を定義します．いま，ベクトル関数 $\vec{A}(x, y, z)$ が成分表示で

$$\vec{A}(x, y, z) = A_x(x, y, z)\vec{i} + A_y(x, y, z)\vec{j} + A_z(x, y, z)\vec{k} \tag{3.3.1}$$

となったとします．このとき，ベクトル関数の**発散** (divergence) という演算 $\operatorname{div}\vec{A}$ を次式で定義します：

> **Point**
>
> $$\operatorname{div}\vec{A} = \frac{\partial A_x}{\partial x} + \frac{\partial A_y}{\partial y} + \frac{\partial A_z}{\partial z} \tag{3.3.2}$$

すなわち，$\vec{A}$ の x 成分を x で微分し，y 成分を y で微分し，z 成分を z で微分したものをすべて加えあわせるという演算です．この演算は前節で定義したナブラ演算子を用いて，形式的にスカラー積の形

$$\operatorname{div}\vec{A} = \nabla \cdot \vec{A} \tag{3.3.3}$$

に表示することができます．

Example 3.3.1

　$\vec{A} = x^2 z\vec{i} - 2y^3 z^2\vec{j} + xy^2 z\vec{k}$ のとき次の計算をしなさい．

(1) $\nabla \cdot \vec{A}$ 　(2) $\nabla(\nabla \cdot \vec{A})$

[Answer]

(1) $\nabla \cdot \vec{A} = \dfrac{\partial}{\partial x}(x^2 z) + \dfrac{\partial}{\partial y}(-2y^3 z^2) + \dfrac{\partial}{\partial z}(xy^2 z) = 2xz - 6y^2 z^2 + xy^2$

(2) $\nabla(\nabla \cdot \vec{A}) = \nabla(2xz - 6y^2 z^2 + xy^2)$

$\qquad = \dfrac{\partial}{\partial x}(2xz - 6y^2 z^2 + xy^2)\,\vec{i} + \dfrac{\partial}{\partial y}(2xz - 6y^2 z^2 + xy^2)\,\vec{j}$

$\qquad\quad + \dfrac{\partial}{\partial z}(2xz - 6y^2 z^2 + xy^2)\vec{k}$

$\qquad = (2z + y^2)\vec{i} + (2xy - 12yz^2)\vec{j} + (2x - 12y^2 z)\vec{k}$

3.4　回転

　発散はナブラ演算子とベクトル関数のスカラー積として定義されました．次にナブラ演算子とベクトル関数 $\vec{A} = (A_x, A_y, A_z)$ のベクトル積で新しい演算を定義します．この演算を**回転** (rotation) とよび rot $\vec{A}$ と表すことにすれば

$$\text{rot}\,\vec{A} = \nabla \times \vec{A} = \left(\frac{\partial A_z}{\partial y} - \frac{\partial A_y}{\partial z}\right)\vec{i}$$
$$+ \left(\frac{\partial A_x}{\partial z} - \frac{\partial A_z}{\partial x}\right)\vec{j} + \left(\frac{\partial A_y}{\partial x} - \frac{\partial A_x}{\partial y}\right)\vec{k} \tag{3.4.1}$$

となります．この式は，行列式を用いれば覚えやすい形

$$\text{rot}\,\vec{A} = \nabla \times \vec{A} = \begin{vmatrix} \vec{i} & \vec{j} & \vec{k} \\ \partial/\partial x & \partial/\partial y & \partial/\partial z \\ A_x & A_y & A_z \end{vmatrix} \tag{3.4.2}$$

に書くことができます．

Example 3.4.1

　$\vec{A} = xz^3\vec{i} - 2x^2yz\vec{j} + 2yz^4\vec{k}$ のとき次の計算をしなさい．

(1) $\nabla \times \vec{A}$　　(2) $\nabla \times \nabla \times \vec{A}$

[**Answer**]

$(1)\ \nabla \times \vec{A} = \begin{vmatrix} \vec{i} & \vec{j} & \vec{k} \\ \partial/\partial x & \partial/\partial y & \partial/\partial z \\ xz^3 & -2x^2yz & 2yz^4 \end{vmatrix}$

$\qquad = \left(\frac{\partial}{\partial y}(2yz^4) - \frac{\partial}{\partial z}(-2x^2yz)\right)\vec{i} + \left(\frac{\partial}{\partial z}(xz^3) - \frac{\partial}{\partial x}(2yz^4)\right)\vec{j}$

$\qquad\quad + \left(\frac{\partial}{\partial x}(-2x^2yz) - \frac{\partial}{\partial y}(xz^3)\right)\vec{k}$

$\qquad = (2z^4 + 2x^2y)\vec{i} + 3xz^2\vec{j} - 4xyz\vec{k}$

$(2)\ \nabla \times \nabla \times \vec{A} = \begin{vmatrix} \vec{i} & \vec{j} & \vec{k} \\ \partial/\partial x & \partial/\partial y & \partial/\partial z \\ 2z^4 + 2x^2y & 3xz^3 & -4xyz \end{vmatrix}$

$\qquad\quad = -(4xz + 9xz^2)\vec{i} + (8z^3 + 4yz)\vec{j} + (3z^3 - 2x^2)\vec{k}$

3.5 ナブラを含んだ演算

ナブラを含んだ演算の間にいろいろな関係式が成り立ちます．以下に代表例を示します．

Point

(1) $\nabla(f+g) = \nabla f + \nabla g$ (2) $\nabla(fg) = f\nabla g + g\nabla f$

(3) $\nabla\left(\dfrac{f}{g}\right) = \dfrac{g\nabla f - f\nabla g}{g^2}$ (4) $\nabla g(f) = \dfrac{dg}{df}\nabla f$

(5) $\nabla^2 u = \nabla \cdot (\nabla u)$ (6) $\nabla \cdot (\vec{A}+\vec{B}) = \nabla \cdot \vec{A} + \nabla \cdot \vec{B}$

(7) $\nabla \cdot (f\vec{A}) = f\nabla \cdot \vec{A} + (\nabla f) \cdot \vec{A}$

(8) $\nabla \times (\vec{A}+\vec{B}) = \nabla \times \vec{A} + \nabla \times \vec{B}$

(9) $\nabla \times (f\vec{A}) = f\nabla \times \vec{A} + (\nabla f) \times \vec{A}$

(10) $\nabla \cdot (\vec{A} \times \vec{B}) = \vec{B} \cdot (\nabla \times \vec{A}) - \vec{A} \cdot (\nabla \times \vec{B})$

(11) $\nabla \times (\nabla \times \vec{A}) = \nabla(\nabla \cdot \vec{A}) - \nabla^2 \vec{A}$

(12) $\nabla \times (\vec{A} \times \vec{B}) = (\vec{B} \cdot \nabla)\vec{A} - (\vec{A} \cdot \nabla)\vec{B} + (\nabla \cdot \vec{B})\vec{A} - (\nabla \cdot \vec{A})\vec{B}$

また，次の恒等式も成り立ちます．

Point

(1) $\nabla \times (\nabla f) = 0$ (2) $\nabla \cdot (\nabla \times \vec{A}) = 0$

Example 3.5.1

$r = x\vec{i} + y\vec{j} + z\vec{k}, r = |\vec{r}|$ のとき次の計算をしなさい．

(1) $\nabla(\log r)$ $(r \neq 0)$ (2) $\nabla\left(\dfrac{1}{r}\right)$ $(r \neq 0)$ (3) ∇r^3

[*1] $\nabla^2 u$ は直角座標では

$$\left(\frac{\partial^2}{\partial x^2} + \frac{\partial^2}{\partial y^2} + \frac{\partial^2}{\partial z^2}\right)u = \frac{\partial^2 u}{\partial x^2} + \frac{\partial^2 u}{\partial y^2} + \frac{\partial^2 u}{\partial z^2}$$

を表し，ラプラスの演算子またはラプラシアンといい，$\triangle u$ という記号を使うこともあります．

[Answer]

$$\nabla r = \nabla \sqrt{x^2 + y^2 + z^2} = \frac{\vec{r}}{r}$$

(1) $\nabla(\log r) = \dfrac{d \log r}{dr}\nabla r = \dfrac{1}{r}\cdot\dfrac{\vec{r}}{r} = \dfrac{\vec{r}}{r^2}$

(2) $\nabla\left(\dfrac{1}{r}\right) = \dfrac{d}{dr}\left(\dfrac{1}{r}\right)\nabla r = -\dfrac{1}{r^2}\dfrac{\vec{r}}{r} = -\dfrac{\vec{r}}{r^3}$

(3) $\nabla r^3 = \dfrac{dr^3}{dr}\nabla r = 3r^2\dfrac{\vec{r}}{r} = 3r\vec{r}$

Example 3.5.2

$\vec{r} = x\vec{i} + y\vec{j} + z\vec{k}, r = |\vec{r}|$ のとき次の計算をしなさい.

(1) $\nabla\cdot\vec{r}\ (r\neq 0)$　　(2) $\nabla\cdot\left(\dfrac{\vec{r}}{r}\right)\ (r\neq 0)$　　(3) $\nabla^2\left(\dfrac{1}{r}\right)\ (r\neq 0)$

[Answer]

(1) $\nabla\cdot\vec{r} = \nabla\cdot(x\vec{i} + y\vec{j} + z\vec{k}) = 3$

(2) $\nabla\cdot\left(\dfrac{\vec{r}}{r}\right) = \nabla\left(\dfrac{1}{r}\right)\cdot\vec{r} + \dfrac{1}{r}\nabla\cdot\vec{r} = -\dfrac{\vec{r}}{r^3}\cdot\vec{r} + \dfrac{1}{r}\cdot 3 = \dfrac{2}{r}$

(3) $\nabla^2\left(\dfrac{1}{r}\right) = \nabla\cdot\left(\nabla\dfrac{1}{r}\right) = \nabla\cdot\left(-\dfrac{\vec{r}}{r^3}\right) = -\left(\nabla\dfrac{1}{r^3}\right)\cdot\vec{r} - \dfrac{1}{r^3}\nabla\cdot\vec{r}$

$\qquad = \dfrac{3\vec{r}}{r^5}\cdot\vec{r} - \dfrac{1}{r^3}\cdot 3 = 0$

3.6　線積分

　ふつうの積分は, 1変数の関数に対する, いわば x 軸に沿った積分と考えることができます. 本節では多変数のスカラー関数 $f(x, y, z)$ やベクトル関数 $\vec{A}(x, y, z)$ に対して空間上の曲線 C に沿った積分を定義します.

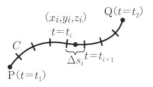

図 **3.6.1**

はじめに，スカラー関数について考えます．空間曲線 C 上の点がパラメータ t を用いて

$$(x(t),\ y(t),\ z(t))$$

で表されているとします(t の変化に従い，この点は曲線上を動きます)．図3.6.1に示すように曲線上に2点 P，Q を考え，それぞれの座標が t については $t = t_1$, $t = t_2$ であるとします．この曲線を n 個の小さな曲線に分割します．分割の仕方は任意ですが，$n \to \infty$ のとき，すべての小曲線の弧長 Δs_i は 0 になるものとします．さらに i 番目の弧の上における任意の点の座標を，$(x_i,\ y_i,\ z_i)$ とします．このとき，以下の和をつくります：

$$I = \sum_{i=1}^{n} f(x_i, y_i, z_i)\Delta s_i$$

$n \to \infty$ においてこの和が一定値に収束すれば，これを関数 f の曲線 C に沿った**線積分**とよび，

$$\int_C f(x, y, z)ds = \int_P^Q f(x, y, z)ds \tag{3.6.1}$$

などと記します．ここで，ds は微小な弧の長さであるため，

$$ds = \sqrt{(dx)^2 + (dy)^2 + (dz)^2} = \sqrt{\left(\frac{dx}{dt}\right)^2 + \left(\frac{dy}{dt}\right)^2 + \left(\frac{dz}{dt}\right)^2}\, dt \tag{3.6.2}$$

となります．したがって，線積分は

Point

$$\int_C f ds = \int_{t_1}^{t_2} f(x(t), y(t), z(t)) \sqrt{\left(\frac{dx}{dt}\right)^2 + \left(\frac{dy}{dt}\right)^2 + \left(\frac{dz}{dt}\right)^2}\, dt \tag{3.6.3}$$

と表せます．なお，$f(x,\ y,\ z) = 1$ のときは，定義式より，点 P から点 Q までの曲線 C の長さになります．

線積分の定義から，以下の各式が成り立ちます．

$$\int_C f ds = -\int_{-C} f ds$$

$$\int_P^Q f ds = \int_P^A f ds + \int_A^Q f ds \tag{3.6.4}$$

$$\left|\int_C f ds\right| \le \int_C |f||ds|$$

ただし，$-C$ は C を逆向きにたどる積分路とします．これらは，極限をとる前の式で考えれば明らかです．たとえば，最後の式は

$$\left|\sum_{i=1}^n f(x_i, y_i, z_i)\Delta s_i\right| \le \sum_{i=1}^n |f(x_i, y_i, z_i)||\Delta s_i|$$

を意味していますが，これは**シュワルツの不等式**[*2] に他なりません．

　次にベクトル関数の線積分を考えます．このとき，いろいろな線積分が考えられますが，応用上重要なものにベクトル関数と曲線 C の接線単位ベクトルの内積をとって，結果として得られるスカラー関数に，上と同様な積分を行うというものがあります．ベクトル関数を

$$\vec{A}(x,y,z) = A_x(x,y,z)\vec{i} + A_y(x,y,z)\vec{j} + A_z(x,y,z)\vec{k}$$

と記せば，接線単位ベクトルは

$$\vec{t} = \frac{d\vec{r}}{ds} = \frac{dx}{ds}\vec{i} + \frac{dy}{ds}\vec{j} + \frac{dz}{ds}\vec{k} \tag{3.6.5}$$

であるため，

$$A_t = \vec{A} \cdot \vec{t} = A_x \frac{dx}{ds} + A_y \frac{dy}{ds} + A_z \frac{dz}{ds} \tag{3.6.6}$$

となります．したがって，

$$I = \int_C \vec{A} \cdot \vec{t} ds \left(= \int_C A_t ds\right) = \int_C \left(A_x \frac{dx}{ds} + A_y \frac{dy}{ds} + A_z \frac{dz}{ds}\right) ds$$

$$= \int_C (A_x dx + A_y dy + A_z dz) \tag{3.6.7}$$

となります．

[*2]　2項の場合は $|a+b| \le |a| + |b|$ で三角不等式とよばれていますが，これを n 項の場合に一般化したものです．

Example 3.6.1

曲線 C が $\vec{r} = t\vec{i} + t^2\vec{j} + t^3\vec{k}$ $(0 \leq t \leq 1)$ であるとき，$\vec{A} = (3x^2 + 6y)\vec{i} - 14yz\vec{j} + 20xz^2\vec{k}$ に対して，次の線積分を計算しなさい．

$$\int_C \vec{A} \cdot d\vec{r}$$

[Answer]

C に沿って，$dx = dt$, $dy = 2tdt$, $dz = 3t^2dt$ であるので

$$\int_C \vec{A} \cdot d\vec{r} = \int_C (A_x dx + A_y dy + A_z dz)$$

$$= \int_C [(3x^2 + 6y)\,dx + (-14yz)\,dy + 20xz^2\,dz]$$

に対して，$x = t$, $y = t^2$, $z = t^3$, $dx = dt$, $dy = 2tdt$, $dz = 3t^2dt$ を代入して

$$\int_C \vec{A} \cdot d\vec{r} = \int_0^1 (9t^2 - 28t^6 + 60t^9)dt = [3t^3 - 4t^7 + 60t^{10}]_0^1 = 59$$

Example 3.6.2

任意の閉曲線 C に沿って

$$\oint_C \vec{F} \cdot d\vec{r} = 0$$

が成り立てば $\vec{F} = \nabla f$ と書けることを示しなさい．

[Answer]

図 3.6.2 に示すように曲線 C 上の異なった点を A と B とすれば，曲線 C は 2 つの部分 C_1 と C_2 に分けることができます．このとき

$$0 = \oint_C \vec{F} \cdot d\vec{r} = \int_{C_1} \vec{F} \cdot d\vec{r} + \int_{C_2} \vec{F} \cdot d\vec{r} = \int_{C_1} \vec{F} \cdot d\vec{r} - \int_{C_3} \vec{F} \cdot d\vec{r}$$

となります．ただし，C_3 は C_2 を逆にたどる曲線です．したがって

$$\int_{C_1} \vec{F} \cdot d\vec{r} = \int_{C_3} \vec{F} \cdot d\vec{r}$$

となるため，この線積分は点 A と B の位置だけで決まり，経路によらないことになります．そこで

$$f(B) \left(= \int_{C_1} \vec{F} \cdot d\vec{r} \right) = \int_A^B \vec{F} \cdot d\vec{r}$$

と記すことにします．いま点 A と点 P（点 B の近くの点）を曲線で結び，点
B と点 P を線分でにきわめて近くにとった場合，

$$\Delta f = f(B) - f(P) = \int_A^B \vec{F} \cdot d\vec{r} - \int_A^P \vec{F} \cdot d\vec{r} = \int_P^B \vec{F} \cdot d\vec{r} \sim F_s \Delta s$$

となります．ただし，Δs は点 P, B を結ぶ線分の長さ，F_s は $\vec{F}$ の $d\vec{r}$ 方向の
成分です．この式から点 P が点 B に近づいた極限で

$$F_s = \frac{df}{ds} \tag{3.6.8}$$

が得られます．すなわち，$\vec{F}$ の線分 PB 方向の成分は，f の PB 方向の方向
微分になります．特に PB の方向として，x 方向，y 方向，z 方向をとれば，
上式は

$$F_x = \frac{\partial f}{\partial x} \ , F_y = \frac{\partial f}{\partial y} \ , F_z = \frac{\partial f}{\partial z}$$

すなわち

$$\vec{F} = \nabla f$$

と書くことができます．

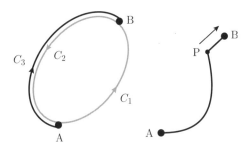

図 **3.6.2**

3.7 面積分と体積分

（1）面積分

空間内に曲面 S を考えます．この曲面を n 個の微小な領域に分割し，それぞれの領域に番号 $(1, 2, \cdots, n)$ をふります．そして，i 番目の微小曲面の面積を ΔS_i とし，またこの曲面上の任意の 1 点 P の座標を (x_i, y_i, z_i) とします（図 3.7.1）．このとき，3 変数の関数 $f(x, y, z)$ に対して，次の積和を計算してみます．

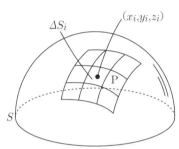

図 **3.7.1**

$$\sum_{i=1}^{n} f(x_i, y_i, z_i)\Delta S_i$$

各小領域の面積が $n \to \infty$ のとき，すべて 0 になるような分割をとって，上式が $n \to \infty$ のとき一定値に収束する場合に，この収束値を関数 f の**面積分**とよび，次の記号で表します．

$$\int_S f(x, y, z)dS = \lim_{n \to \infty} \sum_{i=1}^{n} f(x_i, y_i, z_i)\Delta S_i \tag{3.7.1}$$

空間上の曲面は 2 つのパラメータ u, v で指定され，

$$\vec{r}(u, v) = x(u, v)\vec{i} + y(u, v)\vec{j} + z(u, v)\vec{k} \tag{3.7.2}$$

となります．このとき，図 3.7.2 に示すように，微小面の面積は

$$\Delta S_i = |(\vec{r}(u_i + \Delta u_i, v_i) - \vec{r}(u_i, v_i)) \times (\vec{r}(u_i, v_i + \Delta v_i) - \vec{r}(u_i, v_i))|$$

$$\sim \left|\frac{\partial \vec{r}}{\partial u} \times \frac{\partial \vec{r}}{\partial v}\right| \Delta u_i \Delta v_i \tag{3.7.3}$$

となりますが，このことは面積分が

Point

$$\iint_S f(x,y,z)dS = \iint_D f(x(u,v),y(u,v),z(u,v)) \left| \frac{\partial \vec{r}}{\partial u} \times \frac{\partial \vec{r}}{\partial v} \right| dudv$$

$$(3.7.4)$$

と表せることを意味しています．ただし，D は曲面 S に対応して u, v のつくる領域です．

なお，面積分で特に $f = 1$ であれば，定義から積分値は曲面の面積を表します．

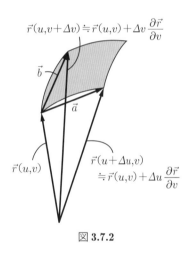

$$\vec{r}(u,v+\Delta v) \fallingdotseq \vec{r}(u,v) + \Delta v \frac{\partial \vec{r}}{\partial v}$$

$\vec{b}$

$\vec{a}$

$$\vec{r}(u,v)$$

$$\vec{r}(u+\Delta u,v) \fallingdotseq \vec{r}(u,v) + \Delta u \frac{\partial \vec{r}}{\partial v}$$

図 **3.7.2**

線積分と同様にベクトル関数

$$\vec{A}(x,y,z) = A_x(x,y,z)\vec{i} + A_y(x,y,z)\vec{j} + A_z(x,y,z)\vec{k}$$

に対して，いろいろな面積分が考えられます．その中でよく使われるものに，ベクトル関数と曲面 S の外向き単位法線ベクトル $\vec{n}$ のスカラー積を計算して，スカラー関数にして，上で述べた面積分を行うものがあります．すなわち，

$$\iint_S \vec{A} \cdot \vec{n}dS = \iint_S \vec{A} \cdot d\vec{S}$$

$$(3.7.5)$$

として，これをふつう**ベクトル関数の面積分**といいます．ただし $d\vec{S} = \vec{n}dS$ は**微小面積ベクトル**とよばれ，大きさが dS で向きが外向き法線ベクトルと一致するようなベクトルとして定義されます．この面積ベクトルは曲面がパラメータ u, v で表されているとき

$$dS = \frac{\partial \vec{r}}{\partial u} \times \frac{\partial \vec{r}}{\partial v} \, du dv \tag{3.7.6}$$

となります.

（2）体積分

　スカラー関数の**体積分**も面積分と同様に定義できます．すなわち，空間内に体積を持った領域 V と V 内で定義された 3 変数のスカラー関数 $f(x,\, y,\, z)$ が与えられたとき領域 V における関数 f の体積分は以下のように定義されます．

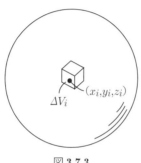

図 **3.7.3**

　まず領域 V を微小な n 個の小領域に分割し，i 番目の小領域の体積を ΔV_i とします（図 3.7.3）．そしてその小領域内の任意の 1 点を $(x_i,\, y_i,\, z_i)$ として，積和

$$\sum_{i=1}^{n} f(x_i, y_i, z_i) \Delta V_i$$

を計算します．いま，$n \to \infty$ のとき，すべての小領域の体積が 0 になるような分割を行ったとき，上式の極限値が分割の仕方によらず一定値に収束する場合，その値を関数 f の領域 V での体積分とよび，次式で表します．

$$\iiint_V f(x,y,z)dV = \lim_{n \to \infty} \sum_{i=1}^{n} f(x_i, y_i, z_i) \Delta V_i \tag{3.7.7}$$

特に，微小領域として，辺の長さが Δx_i，Δy_i，Δz_i の直方体をとれば，$\Delta V_i = \Delta x_i \Delta y_i \Delta z_i$ であるので，体積分は

$$\iiint_V f(x,y,z)dV = \iiint_V f(x,y,z)dxdydz \tag{3.7.8}$$

と書けます．

Example 3.7.1

$\vec{r} = (u\cos v, u\sin v, u^2)$ $(0 \le u \le 1, 0 \le v < 2\pi)$ で表される曲面の面積を面積分を用いて計算しなさい.

[**Answer**]

$$\frac{\partial \vec{r}}{\partial u} \times \frac{\partial \vec{r}}{\partial v} = -2u^2\cos v\vec{i} - 2u^2\sin v\vec{j} + u\vec{k}$$

より

$$\left|\frac{\partial \vec{r}}{\partial u} \times \frac{\partial \vec{r}}{\partial v}\right| = u\sqrt{1+4u^2}$$

したがって

$$S = \int_0^{2\pi}\int_0^1 \left|\frac{\partial \vec{r}}{\partial u} \times \frac{\partial \vec{r}}{\partial v}\right| dudv = \int_0^{2\pi}dv\int_0^1 u\sqrt{1+4u^2}du = \frac{\pi}{6}(5\sqrt{5}-1)$$

Example 3.7.2

原点を中心とし, 任意の半径をもつ球面を S とします. 球面上の点の位置ベクトルを r とすれば次式が成り立つことを示しなさい.

$$\iint_S \frac{\vec{r}}{|r|^3} \cdot d\vec{S} = 4\pi$$

[**Answer**]

球の半径を a, 球面の単位法線ベクトルを $\vec{n}$ とすれば, $\vec{r} = a\vec{n}$, $|\vec{r}| = a$ となります. したがって,

$$\iint_S \frac{\vec{r}}{r^3} \cdot d\vec{S} = \iint_S \frac{a\vec{n}}{a^3} \cdot \vec{n}dS = \frac{1}{a^2}\iint_S dS = \frac{4\pi a^2}{a^2} = 4\pi$$

3.8 積分定理

本節では前節までに定義した線積分，面積分，体積分の間に成り立つ関係を調べます．

（1） グリーンの定理

はじめに準備を行います．

平面内にある閉曲線 C（閉じた曲線）で囲まれた領域 S およびその領域で定義された関数 $f(x, y)$ に対して，次の公式が成り立ちます．

Point

$$\iint_S \frac{\partial f}{\partial x}dxdy = \int_C fdy \tag{3.8.1}$$

$$\iint_S \frac{\partial f}{\partial y}dxdy = -\int_C fdx \tag{3.8.2}$$

なお，式(3.8.1) の右辺は線積分ですが，図 3.8.1 を参照すれば $dy = \cos \alpha ds$ であるため，3．1節の線積分の定義から，関数 f の線積分ではなく関数 $f \cos \alpha$ の線積分というべきものです．すなわち，曲線 C を細かく分割して各小部分で $f \cos \alpha$ を計算して，それに小部分の長さ Δs を掛けて足し合わせた量になっています．

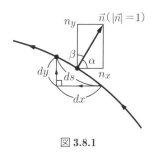

図 **3.8.1**

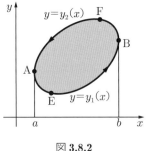

図 **3.8.2**

　式(3.8.1) と式(3.8.2) は同じようにして証明できるため式(3.8.2) につい
て証明します. 図 3.8.2 に示すように記号をつけます. ただし, 曲線 C はとり
あえず凸と仮定します. 曲線の下半分が $y = y_1(x)$, 上半分が $y = y_2(x)$ であ
るとすれば, 式(3.8.2) について

$$\iint_S \frac{\partial f}{\partial y} dx dy = \int_a^b \left(\int_{y_1(x)}^{y_2(x)} \frac{\partial f}{\partial y} dy \right) dy$$

$$= \int_a^b [f(x,y)]_{y_1(x)}^{y_2(x)} dx = \int_a^b f(x, y_2(x)) dx - \int_a^b f(x, y_1(x)) dx$$

となります. ここで,

$$\int_a^b f(x, y_2(x)) dx = \int_{AFB} f dx = - \int_{BFA} f dx$$

$$\int_a^b f(x, y_1(x)) dx = \int_{AEB} f dx$$

であるため,

$$\iint_S \frac{\partial f}{\partial y} dx dy = - \int_{BFA} f dx - \int_{AEB} f dx = - \int_C f dx$$

なり, 式(3.8.2) が得られます.

　なお領域が凹である場合には領域をいくつかの凸の部分に分けることができ
ます. そこで, たとえば図 3.8.3 において

$$\iint_S f dx dy = \iint_{S_1} f dx dy + \iint_{S_2} f dx dy = - \int_{C_1} f dx - \int_{C_2} f dx$$

$$= - \int_{AEB} f dx - \int_{BA} f dx - \int_{AB} f dx - \int_{BFA} f dx$$

となります. 一方,

$$-\int_{BA} f dx - \int_{AB} f dx = 0$$

$$-\int_{AEB} f dx - \int_{BFA} f dx = -\int_C f dx$$

であるので,この場合も式(3.8.2)が成り立ちます.

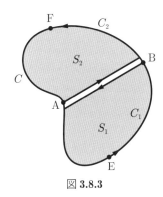

図 **3.8.3**

式(3.8.2)において $f = -g$ とおいたと式(3.8.1)を加えれば

$$\int_C (g dx + f dy) = \iint_S \left(\frac{\partial f}{\partial x} - \frac{\partial g}{\partial y} \right) dx dy \qquad (3.8.3)$$

となります. この公式を**グリーンの定理**とよんでいます.

式(3.8.1),(3.8.2)は次のようにも書き換えられます.

$$\iint_S \frac{\partial f}{\partial x} dx dy = \int_C f n_x ds$$

$$\iint_S \frac{\partial f}{\partial y} dx dy = \int_C f n_y ds \qquad (3.8.4)$$

ここで, n_x, n_y はそれぞれ曲線 C の外向き法線ベクトル $\vec{n}$ の x, y 成分です.
このことは,図3.8.1において

$$dy = n_x ds, \quad dx = -n_y ds$$

が成り立つことからわかります. これらの式は3次元に拡張できて

Point

$$\iiint_V \frac{\partial f}{\partial x}dxdydz = \iint_S fn_x dS$$
$$\iiint_V \frac{\partial f}{\partial y}dxdydz = \iint_S fn_y dS \tag{3.8.5}$$
$$\iiint_V \frac{\partial f}{\partial z}dxdydz = \iint_S fn_z dS$$

となります．ただし，S は領域 V を取り囲む閉曲面，n_x, n_y, n_z は S の外向き法線ベクトル $\vec{n}$ の x, y, z 成分です．

（2） ガウスの定理

以下の定理は**ガウスの定理**または**発散定理**とよばれる応用上重要な定理です．

Point

ベクトル場 $\vec{A}$ 内において，ある有界な領域 V をとったとき，V の境界面を S とし，S の外向き単位法線ベクトルを $\vec{n}$ とすれば
$$\iiint_V \nabla \cdot \vec{A}dV = \iint_S \vec{A} \cdot \vec{n}dS \tag{3.8.6}$$
が成り立つ

なぜなら
$$\vec{A} = A_x(x,y,z)\vec{i} + A_y(x,y,z)\vec{j} + A_z(x,y,z)\vec{k}$$
であるので，式(3.8.5) の f に上から順に $f=A_x,\ f=A_y,\ f=A_z$ を代入して加え合わせれば
$$\iiint_V \left(\frac{\partial A_x}{\partial x} + \frac{\partial A_y}{\partial y} + \frac{\partial A_z}{\partial z}\right)dV = \iint_S (A_x n_x + A_y n_y + A_z n_z)dS$$
$$= \iint_S \vec{A} \cdot \vec{n}dS$$
となるからです．

Example 3.8.1

任意の閉曲面 S について次式が成り立つことを示しなさい.

$$\iiint_V \frac{1}{r^2}dV = \iint_S \frac{\vec{r}\cdot\vec{n}}{r^2}dS \ \ (\vec{r} = x\vec{i} + y\vec{j} + z\vec{k})$$

ただし,VはSを境界としてもつ領域とします.

[**Answer**]

$$\nabla\cdot\left(\frac{\vec{r}}{r^2}\right) = \left(\nabla\frac{1}{r^2}\right)\cdot\vec{r} + \frac{1}{r^2}\nabla\cdot\vec{r} = -\frac{2}{r^4}\vec{r}\cdot\vec{r} + \frac{3}{r^2} = \frac{1}{r^2}$$

$$\iiint_V \frac{1}{r^2}dV = \iiint_V \left(\nabla\cdot\frac{\vec{r}}{r^2}\right)dV = \iint_S \frac{\vec{r}}{r^2}\cdot\vec{n}dS$$

Example 3.8.2

領域 V の境界面を S とし,S の外向き単位法線ベクトルを $\vec{n}$ とします. このとき次の各式が成り立つことを示しなさい(**グリーンの公式**).

(1) $\displaystyle\iint_S u\frac{\partial v}{\partial n}dS = \iiint_V \left\{u\nabla^2 v + (\nabla u)\cdot(\nabla v)\right\}dV$

(2) $\displaystyle\iint_S \left(u\frac{\partial v}{\partial n} - v\frac{\partial u}{\partial n}\right)dS = \iiint_V \left\{u\nabla^2 v - v\nabla^2 u\right\}dV$

[**Answer**]

(1) $\nabla\cdot(u\nabla v) = u\nabla^2 v + (\nabla u)\cdot(\nabla v)$ が成り立つため,ガウスの定理から

$$\iint_S u\frac{\partial v}{\partial n}dS = \iint_S (u\nabla v)\cdot\vec{n}dS = \iiint_V \nabla\cdot(u\nabla v)dV$$

$$= \iiint_V \left\{u\nabla^2 v + (\nabla u)\cdot(\nabla v)\right\}dV$$

(2) 上式から,上式で u と v を入れ替えた式

$$\iint_S v\frac{\partial u}{\partial n}dS = \iiint_V \left\{v\nabla^2 u + (\nabla v)\cdot(\nabla u)\right\}dV$$

を引けば

$$\iint_S \left(u\frac{\partial v}{\partial n} - v\frac{\partial u}{\partial n}\right)dS = \iiint_V \left\{u\nabla^2 v - v\nabla^2 u\right\}dV$$

（3）　ストークスの定理

　はじめに次の定理が成り立つことを示します.

$$\iint_S \left(\frac{\partial f}{\partial z} n_y - \frac{\partial f}{\partial y} n_z \right) dS = \int_C f dx \qquad (3.8.7)$$

ここで，S は閉曲線 C を境界にもつ空間内の曲面で，その曲面の法線ベクトルを今までと同様に

$$\vec{n} = n_x \vec{i} + n_y \vec{j} + n_z \vec{k} \qquad (3.8.8)$$

とします.ただし曲線 C と法線の向きは図 3.8.4 に示すようにとります.

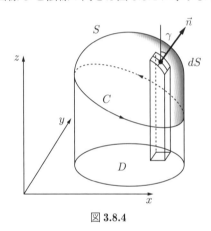

図 **3.8.4**

　証明は以下のようにします.曲面 S の方程式を

$$z = g(x, y) \quad \text{または} \quad \varphi(x, y, z) = z - g(x, y) = 0$$

とし，S を x-y 面への正射影した領域を D とします.このとき，曲面 S の各点において，ベクトル

$$\nabla \varphi = -g_x \vec{i} - g_y \vec{j} + \vec{k}$$

は 3 . 1 節で述べたように，曲面 S に垂直になります.したがって，単位法線ベクトルは

$$\vec{n} = -\frac{g_x}{\sqrt{g_x^2 + g_y^2 + 1}} \vec{i} - \frac{g_y}{\sqrt{g_x^2 + g_y^2 + 1}} \vec{j} + \frac{1}{\sqrt{g_x^2 + g_y^2 + 1}} \vec{k} \qquad (3.8.9)$$

となります.一方，微小面積 dS の正射影が $dxdy$ であり，dS の法線ベクトルが $\vec{n} = (n_x, n_y, n_z)$ であることから

$$dxdy = n_z dS = \vec{n} \cdot \vec{k} dS = \frac{1}{\sqrt{g_x^2 + g_y^2 + 1}} dS$$

となります．さらに式(3.8.8)，(3.8.9) から

$$n_y dS = -\frac{g_y}{\sqrt{g_x^2 + g_y^2 + 1}} dS$$

が成り立ちます．これらの2式を用いれば

$$\iint_S \left(\frac{\partial f}{\partial z} n_y - \frac{\partial f}{\partial y} n_z \right) dS = -\iint_D \left(\frac{\partial f}{\partial z} \frac{\partial g}{\partial y} + \frac{\partial f}{\partial y} \right) dxdy \qquad (3.8.10)$$

が得られます．ここで，曲面 S 上での f を F と書くことにすれば，

$$f(x, y, z) = f(x, y, g(x, y)) = F(x, y)$$

となり，この式から

$$\frac{\partial F}{\partial y} = \frac{\partial f}{\partial z} \frac{\partial g}{\partial y} + \frac{\partial f}{\partial y}$$

が得られます．この式を式(3.8.10) に代入すれば，グリーンの定理から

$$\iint_S \left(\frac{\partial f}{\partial z} n_y - \frac{\partial f}{\partial y} n_z \right) dS = -\iint_D \left(\frac{\partial F}{\partial y} \right) dxdy$$

$$= \int_C F dx = \int_C f dx$$

となります．ただし，曲線 C 上で $f = F$ を用いました．（証明終）

同様にすれば式(3.8.7) と同じ仮定のもとで以下の式が成り立つことを示すことができます．

$$\iint_S \left(\frac{\partial f}{\partial x} n_z - \frac{\partial f}{\partial z} n_x \right) dS = \int_C f dy \qquad (3.8.11)$$

$$\iint_S \left(\frac{\partial f}{\partial y} n_x - \frac{\partial f}{\partial x} n_y \right) dS = \int_C f dz \qquad (3.8.12)$$

ベクトル場 $\vec{A} = A_x \vec{i} + A_y \vec{j} + A_z \vec{k}$ の x 成分に対して式(3.8.7)，y 成分に対して式(3.8.11)，z 成分に対して式(3.8.9) を適用して3式を加えれば，

$$\iint_S \left\{ \left(\frac{\partial A_z}{\partial y} - \frac{\partial A_y}{\partial z} \right) n_x - \left(\frac{\partial A_z}{\partial x} - \frac{\partial A_x}{\partial z} \right) n_y + \left(\frac{\partial A_y}{\partial x} - \frac{\partial A_x}{\partial y} \right) n_z \right\} dS$$

$$= \int_C (A_x dx + A_y dy + A_z dz) ds$$

となります．ここで左辺の被積分関数は

$$(\nabla \times \vec{A}) \cdot \vec{n}$$

と書くことができ，また右辺は

$$\int_C \vec{A} \cdot d\vec{r}$$

であることに注意すれば，結局次の**ストークスの定理**が得られたことになります．

> **Point**
>
> 　ベクトル場 $\vec{A}$ 内で，閉曲線 C に囲まれた領域 S において，次式が成り立つ．
>
> $$\int_C \vec{A} \cdot d\vec{r} = \iint_S (\nabla \times \vec{A}) \cdot \vec{n}\, ds \tag{3.8.13}$$
>
> ただし，$\vec{n}$ は曲面 S の単位法線ベクトルであり，その向きおよび曲線 C の向きは図 3.8.4 に示したようにとるものとする．

Example 3.8.3

　任意の閉曲面 S について次式が成り立つことを示しなさい．

$$\iint_S (\nabla \times \vec{A}) \cdot \vec{n}\, dS = 0$$

[Answer]

　S を閉曲線 C によって2つの部分 S_1，S_2 に分割します．このとき S_1 の境界を C とすれば，S_2 の境界は $-C$ となります．このことを用いれば

$$\iint_S (\nabla \times \vec{A}) \cdot \vec{n}\, dS = \iint_{S_1} (\nabla \times \vec{A}) \cdot \vec{n}\, dS + \iint_{S_2} (\nabla \times \vec{A}) \cdot \vec{n}\, dS$$

$$= \int_C \vec{A} \cdot d\vec{r} + \int_{-C} \vec{A} \cdot d\vec{r} = \int_C \vec{A} \cdot d\vec{r} - \int_C \vec{A} \cdot d\vec{r} = 0$$

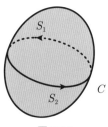

図 **3.8.5**

1. $f = xyz + 2x^2y$ に対して点 $(1, -2, 1)$ における

$$\vec{e} = -\frac{2}{3}\vec{i} - \frac{1}{3}\vec{j} + \frac{2}{3}\vec{k}$$

方向の方向微分係数を求めなさい.

2. $\vec{r} = x\vec{i} + y\vec{j} + z\vec{k}, r = |\vec{r}|$ のとき以下の計算をしなさい.

(a) ∇r　　(b) $\nabla \cdot \vec{r}$　　(c) $\nabla \cdot \left(\dfrac{\vec{r}}{r}\right)$

(d) $\nabla\left(\dfrac{1}{r^2}\right)$　　(e) $\nabla \times \vec{r}$　　(f) $\nabla \times (r^2\vec{r})$

3. 次の等式を証明しなさい.

(a) $\nabla \cdot (\nabla f) = \nabla^2 f$

(b) $\nabla \times (\nabla f) = 0$

(c) $\nabla \cdot (\nabla \times \vec{A}) = 0$

4. $\vec{r} = x\vec{i} + y\vec{j} + z\vec{k}$ のとき任意の閉曲線 C に対し, 次式を証明しなさい.

$$\oint_C \vec{r} \cdot d\vec{r} = 0$$

5. 任意の閉曲面 S に対して $\vec{r} = x\vec{i} + y\vec{j} + z\vec{k}$ としたとき, 次式が成り立つことを証明しなさい.

$$\iiint_V \frac{1}{r^2}dV = \iint_S \frac{\vec{r} \cdot \vec{n}}{r^2}dS$$

6. 回転放物面 $z = x^2 + y^2$ の $z \leq 1$ の部分を S としたとき,

$$\vec{A} = (y - z)\vec{i} + (z - x)\vec{j} + (x - y)\vec{k}$$

に対して

$$\iint_S (\nabla \times \vec{A}) \cdot dS$$

を計算しなさい. ただし, $z < x^2 + y^2$ 部分を表（外側）とします.

Chapter 4

力学への応用

4.1 ベクトルと力

（1）ベクトルの相等と零ベクトル

　大きさと（働く）方向が等しい力は質点に同じ作用を及ぼします。したがって，大きさと方向が等しい力はすべて同じものとみなします。1章ではベクトルの大きさと向きが等しいとき，2つのベクトルは等しいと定義しましたが，このことは力の性質と合致します。また大きさが0のベクトルを零ベクトルとよびましたが，零ベクトルは力が働いていない状態に対応します。

（2）ベクトルの和

　ある一点Pに2つ以上の力が働いているとき，これらの力と同じ作用をもつ力を**合力**とよんでいます。力学の法則から，2つの力の合力は図 4.1.1 に示すように力 $\vec{a}$ と力 $\vec{b}$ から作った平行四辺形の P を通る対角線を表すベクトル $\vec{c}$ になります。すなわち，点 P に力 $\vec{a}$，$\vec{b}$ が同時に働く場合と，点 P に力 $\vec{c}$ が単独で働く場合は同じ効果をもたらします。このことから，2つのベクトルの和を図 4.1.1 のように2つのベクトルから作った対角線を表すベクトルとして定義したことが合理的であったことがわかります。

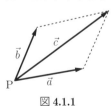

図 4.1.1

（3）ベクトルの差

　あるベクトル $\vec{a}$ に対してベクトル $-\vec{a}$ は，

$$\vec{a} + (-\vec{a}) = 0 \tag{4.1.1}$$

となるベクトルで定義されました．ベクトルとして力と考えると，ある点に大きさが同じで反対方向を向いた2つの力が働いている場合には，全体として力が働いていないという事実に対応しています．力の差 $\vec{b} - \vec{a}$ は $\vec{b}$ と $-\vec{a}$ の合力と考えることができます．

（4）スカラー倍

　k を正の実数としたとき，ベクトル $k\vec{a}$ は $\vec{a}$ と同じ向きで，大きさが k 倍のベクトルと定義されました．これはたとえばある点に2倍の力が働いているといった場合，具体的には同じ向きで大きさが2倍の力が働いていることを指すため，妥当な定義です．

（5）仕事とスカラー積

　力学には**仕事**という概念があります．これは力の働いている物体（質点）を移動させるときに何らかのエネルギーを使うため，その量を見積もるために用いられます．このとき，力の向きと移動方向とは一致しているとは限りません．たとえば，荷物を真上に持ち上げるときには重力と反対向きの移動になって重力に逆らって仕事をすることになります．一方，坂道を荷車を押すときにも仕事をしますが，このときは重力とある角度をもった方向に移動させることになります．そこで力学では仕事を

　　　仕事 ＝ 力の大きさ × 力の方向の移動距離

あるいは同じことですが

　　　仕事 ＝ 力の移動方向の成分 × 移動距離

で定義しています．坂道の場合でいうと，仕事を計算するときの距離は坂道を引っ張った距離ではなく，鉛直方向に持ち上げた距離を使う必要があります．図 4.1.2 では，荷物の変位はベクトル $\vec{r}$ ですが，鉛直方向の距離は $|\vec{r}|\cos\theta$ になります．ただし，θ は変位ベクトルが鉛直軸となす角度です．したがって，仕事は

$$|\vec{F}||\vec{r}|\cos\theta$$

となります.

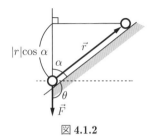

図 **4.1.2**

このように仕事は力と変位という2つのベクトル量 $\vec{F}$ と $\vec{r}$ からひとつのスカラーをつくる演算になっています. この演算を中黒の点で表すと

$$\vec{F} \cdot \vec{r} = |\vec{F}||\vec{r}|\cos\theta \tag{4.1.2}$$

となりますが,これは2つのベクトルのスカラー積に他なりません.

（6）モーメントとベクトル積

　図 4.1.3 に示すように,ある物体が点 O をとおるある軸のまわりに回転できるように固定されているとき,点Oから $\vec{r}$ の位置にある点Pを力 $\vec{F}$ で引っ張ったとします. このとき,力 $\vec{F}$ とベクトル $\vec{r}$ が平行でなければ物体は回転しようとします. このときの回転力のことを**モーメント**といいます.「てこ」を思い出してもわかるように回転に寄与する力はベクトル $\vec{r}$ と垂直な方向の $\vec{F}$ の成分です（たとえば, $\vec{F}$ と $\vec{r}$ が平行であれば物体は回転しません）. また OP の距離が長いほど回転させる効果は大きくなります. そこでモーメントの大きさを $|\vec{F}||\vec{r}|\sin\theta$ と定義します.

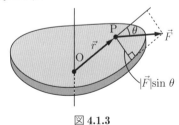

図 **4.1.3**

一方，平面はそれに垂直なベクトルで指定されます．したがって，面の回転もその面に垂直なベクトルで定義するのが合理的です．そこでベクトル量としてのモーメント $\vec{N}$ を前述の大きさをもち，面に垂直な方向をもつベクトルで定義します．ただし，面に垂直なベクトルは（上下）2種類あるため，$\vec{r}$ から $\vec{F}$ に向かって（180°以内の回転で）右ねじをまわしたとき右ねじが進む方向と決めています．このようなベクトル $\vec{N}$ はベクトル $\vec{F}$ と $\vec{r}$ のベクトル積になっています．すなわち，モーメント $\vec{N}$ は位置ベクトルを $\vec{r}$，力を $\vec{F}$ とすれば，1章で定義したベクトル積を用いて

$$\vec{N} = \vec{r} \times \vec{F} \tag{4.1.3}$$

と書くことができます．

4.2 質点の運動

　本節では空間内の**質点の運動**を考えます．ある時刻の質点の座標を (x, y, z) とすると，この質点の位置は

$$\vec{r} = x\vec{i} + y\vec{j} + z\vec{k}$$

という**位置ベクトル**の終点として表示できます．質点の位置は時々刻々変化するため，座標 (x, y, z) は時間 t の関数 $(x(t), y(t), z(t))$ になっており，ベクトル $\vec{r}$ も t の関数

$$\vec{r}(t) = x(t)\vec{i} + y(t)\vec{j} + z(t)\vec{k} \tag{4.2.1}$$

とみなすことができます．したがって，質点の位置は時間を独立変数とするベクトル関数になっています．

　位置ベクトルを時間で微分した量を力学では**速度**といっています．すなわち，速度をベクトル $\vec{v}(t)$ と記すことにすれば

$$\vec{v} = \frac{d\vec{r}}{dt} = \lim_{\Delta \to 0} \frac{\vec{r}(t + \Delta t) - \vec{r}(t)}{\Delta t} \tag{4.2.2}$$

となります．成分で表せば式(4.2.1)を上式に代入して

$$\vec{v} = \lim_{\Delta \to 0} \left(\frac{x(t+\Delta t) - x(t)}{\Delta t} \vec{i} + \frac{y(t+\Delta t) - y(t)}{\Delta t} \vec{j} + \frac{z(t+\Delta t) - z(t)}{\Delta t} \vec{k} \right)$$

$$= \frac{dx}{dt} \vec{i} + \frac{dy}{dt} \vec{j} + \frac{dz}{dt} \vec{k} \tag{4.2.3}$$

となります．また，S を軌道に沿った長さとすれば

$$\left| \frac{d\vec{r}}{dt} \right| = \frac{ds}{dt}$$

は速度の大きさ（速さ）であり v と記すことにします．速度の方向は定義から接線単位ベクトル $\vec{t}$ の方向です．$|\vec{t}| = 1$ であるので，速度ベクトルは

$$\vec{v} = v\vec{t} \tag{4.2.4}$$

と記すこともできます．

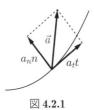

図 **4.2.1**

　速度が時間により変化することがあります．そこで，**加速度**を速度の時間微分で定義します．すなわち，加速度ベクトルを $\vec{a}(t)$ と記すことにすれば

$$\vec{a} = \frac{d\vec{v}}{dt} = \lim_{\Delta \to 0} \frac{\vec{v}(t + \Delta t) - \vec{v}(t)}{\Delta t} \tag{4.2.5}$$

となります．加速度を位置ベクトル $\vec{r}$ で表すと上式と式(4.2.2) から

$$\vec{a}(t) = \frac{d^2 \vec{r}}{dt^2} \tag{4.2.6}$$

となり，さらに成分で表すと

$$\vec{a}(t) = \frac{d^2 x}{dt^2} \vec{i} + \frac{d^2 y}{dt^2} \vec{j} + \frac{d^2 z}{dt^2} \vec{k} \tag{4.2.7}$$

になります．

　一方，式(4.2.4) を t で微分すれば，$\vec{t}$ が定数ベクトルでないため，積の微分法から

$$\frac{d\vec{v}}{dt} = \frac{dv}{dt} \vec{t} + v \frac{d\vec{t}}{dt} \tag{4.2.8}$$

となります．右辺第2項は

$$v\frac{d\vec{t}}{dt} = v\frac{d\vec{t}}{ds}\frac{ds}{dt} = v^2\frac{d\vec{t}}{ds}$$

と変形できますが，フルネ・セレの公式(2.5.9) および $\rho = 1/\kappa$ を用いることにより次式が得られます．

$$\frac{d\vec{v}}{dt} = \frac{dv}{dt}\vec{t} + \frac{v^2}{\rho}\vec{n} \tag{4.2.9}$$

この式から質点が曲線運動をしている（ $\rho \neq \infty$ ）場合には，たとえ速度の大きさ v が一定であっても第2項が0でないため加速度は法線方向成分をもつことがわかります．

■平面運動

質点の運動が1つの平面内に限られることがあり，**平面運動**といいます．そのような場合には，その平面内に xy 座標をとれば，質点の位置は2次元ベクトル

$$\vec{r}(t) = x(t)\vec{i} + y(t)\vec{j} \tag{4.2.10}$$

で表され，同様に速度と加速度は

$$\vec{v} = \frac{dx}{dt}\vec{i} + \frac{dy}{dt}\vec{j} \tag{4.2.11}$$

$$\vec{a}(t) = \frac{d^2x}{dt^2}\vec{i} + \frac{d^2y}{dt^2}\vec{j} \tag{4.2.12}$$

となります．

付録Aでも述べますが xy 座標と**極座標**の間には

$x = r\cos\theta$

$y = r\sin\theta$ $\tag{4.2.13}$

の関係があります．また，ベクトルの xy 座標系と極座標系の成分の間には式(A.1.9)，すなわち

$A_x = A_r\cos\theta - A_\theta\sin\theta$

$A_y = A_r\sin\theta + A_\theta\cos\theta$ $\tag{4.2.14}$

の関係があります．式(4.2.13) を t で微分すると左辺は定義から速度ベクトルの (x, y) 成分の (u, v) であるので

$$u = \frac{dr}{dt} \cos\theta - r\frac{d\theta}{dt} \sin\theta$$

$$v = \frac{dr}{dt} \sin\theta + r\frac{d\theta}{dt} \cos\theta \tag{4.2.15}$$

となります．これと式(4.2.14) を見比べれば

Point

$$v_r = \frac{dr}{dt}, \quad v_\theta = r\frac{d\theta}{dt} \tag{4.2.16}$$

となります (**速度の極座標表示**)．ただし，(v_r, v_θ) は速度の r 成分と θ 成分を表します．

さらに式(4.2.15) を t で微分すれば

$$\frac{du}{dt} = a_x = \frac{d^2r}{dt^2} \cos\theta - 2\frac{dr}{dt}\frac{d\theta}{dt} \sin\theta - r\frac{d^2\theta}{dt^2} \sin\theta - r\left(\frac{d\theta}{dt}\right)^2 \cos\theta$$

$$= \left(\frac{d^2r}{dt^2} - r\left(\frac{d\theta}{dt}\right)^2\right) \cos\theta - \left(r\frac{d^2\theta}{dt^2} + 2\frac{dr}{dt}\frac{d\theta}{dt}\right) \sin\theta$$

および，同様にして

$$\frac{dv}{dt} = a_y = \left(r\frac{d^2\theta}{dt^2} + 2\frac{dr}{dt}\frac{d\theta}{dt}\right) \sin\theta + \left(\frac{d^2r}{dt^2} - r\left(\frac{d\theta}{dt}\right)^2\right) \cos\theta$$

が得られるため，式(4.2.14) と比較して

Point

$$a_r = \frac{d^2r}{dt^2} - r\left(\frac{d\theta}{dt}\right)^2, \quad a_\theta = r\frac{d^2\theta}{dt^2} + 2\frac{dr}{dt}\frac{d\theta}{dt} \tag{4.2.17}$$

となります (**加速度の極座標表示**)．[1]

---

[1]　このように一般に $a_r \neq \dfrac{d^2r}{dt^2}, \quad a_\theta \neq r\dfrac{d^2\theta}{dt^2}$ です．

4.3 運動の法則

ニュートンは力と加速度は比例すると考えました．これを**運動の第2法則**といいます．第2法則は式で表せば

$$m\vec{a} = \vec{F} \tag{4.3.1}$$

となります．これを**ニュートンの運動方程式**といいます．ここで，$\vec{a}$ は質点の加速度，$\vec{F}$ は質点に働く力でありそれぞれベクトル量です．また比例定数 m が**質量**になります．[*2]

式(4.3.1)において，質点の速度および位置がそれぞれ $\vec{v}$ と $\vec{r}$ であれば，式(4.3.1)は

$$m\frac{d\vec{v}}{dt} = \vec{F} \tag{4.3.2}$$

または

$$m\frac{d^2\vec{r}}{dt^2} = \vec{F} \tag{4.3.3}$$

と書けます．質点の運動は位置が時間の関数として与えられれば決まるため，ニュートンの運動方程式は位置 $\vec{r}$ を未知関数とする2階の**ベクトル微分方程式**になっています．2階微分方程式では，解が一意に定まるためには $\vec{r}$ に対して2つの条件が必要になりますが，通常それらとして $t = 0$ における $\vec{r}$ と $\vec{v} = d\vec{r}/dt$ の値，すなわち**初期位置**と**初速度**を与えます．

式(4.3.3)を成分に分けて記せば

$$m\frac{d^2x}{dt^2} = F_x, \quad m\frac{d^2y}{dt^2} = F_y, \quad m\frac{d^2z}{dt^2} = F_z \tag{4.3.4}$$

となり，これをたとえば

$$x(0) = x_0, \quad y(0) = y_0, \quad z(0) = z_0 \tag{4.3.5}$$

$$u(0) = u_0, \quad v(0) = v_0, \quad w(0) = w_0 \tag{4.3.6}$$

という条件のもとに解くことになります．ただし，u, v, w は速度の x, y, z 成分であり，下添字0のついた文字は定数を表します．これらの解として

$$x = x(t), \quad y = y(t), \quad z = z(t)$$

[*2] 加速度の単位として m/s^2，質量の単位として kg をとったとすれば，式(4.3.1)から力の単位は $kg m/s^2$ となります．これを N で表し，ニュートンといいます．すなわち，$1N$ は $1kg$ の物体に加速度 $1m/s^2$ を生じさせる力です．

が得られた場合に，この式から変数 t を消去すれば空間内の曲線が求まります．この曲線は質点の**軌道**を表しています．

（1）慣性の法則

　式(4.3.2)において $\vec{F}=0$ の場合には，$\vec{v}=\vec{C}$（定数ベクトル）という解が得られます．これは質点の速度が一定ということ，すなわち**等速直線運動**をしていることを意味しています．すなわち，質点に力が働かなければ等速直線運動を続けますが，この事実を**慣性の法則**または**運動の第 1 法則**とよんでいます．

（2）運動量の法則

　m が定数であれば，式(4.3.2) は $d(m\vec{v})/dt=\vec{F}$ になります．ここで質点の運動量 $\vec{p}$（ベクトル）を $\vec{p}=m\vec{v}$ で定義すれば，式(4.3.2) は

$$\frac{d\vec{p}}{dt}=\vec{F} \tag{4.3.7}$$

となります．特に $\vec{F}=0$ であれば $\vec{p}=\vec{C}$ となるため，

　「外力が働かなければ，運動量は保存される」

ことがわかります．これを**運動量保存則**といいます．

（3）角運動量

　運動量 $\vec{p}$ は速度 $\vec{v}$ に質量 m をかけた物理量ですが，$\vec{r}$ と運動量のベクトル積を**角運動量**よび，$\vec{L}$ と記します．すなわち

$$\vec{L}=\vec{r}\times\vec{p} \tag{4.3.8}$$

です．角運動量を時間で微分すれば

$$\frac{d\vec{L}}{dt}=\frac{d}{dt}(yp_z-zp_y)\vec{i}+\frac{d}{dt}(zp_x-xp_z)\vec{j}+\frac{d}{dt}(xp_y-yp_x)\vec{k}$$
$$=\left(y\frac{dp_z}{dt}-z\frac{dp_y}{dt}\right)\vec{i}+\left(z\frac{dp_x}{dt}-x\frac{dp_z}{dt}\right)\vec{j}+\left(x\frac{dp_y}{dt}-y\frac{dp_x}{dt}\right)\vec{k}$$
$$=(yF_z-zF_y)\vec{i}+(zF_x-xF_z)\vec{j}+(xF_y-yF_x)\vec{k}$$

となります．ただし，ニュートンの運動方程式 $d\vec{p}/dt=\vec{F}$ を用いています．したがって

$$\frac{d\vec{L}}{dt} = \vec{r} \times \vec{F} = \vec{N} \tag{4.3.9}$$

という式が得られます. この式は,

「角運動量の増加は力のモーメントに等しい」

ことを意味しています.

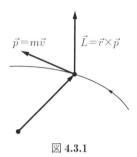

$\vec{p} = m\vec{v}$　$\vec{L} = \vec{r} \times \vec{p}$

図 **4.3.1**

4.4　万有引力と惑星の運動

（1）中心力

　質点の位置ベクトルを $\vec{r}$ としたとき, 質点が $f(x, y, z)\vec{r}$ という原点方向の力（**中心力**）だけを受けて運動しているとします. これを中心力による運動といいます. この場合, 運動方程式は

$$m\frac{d^2\vec{r}}{dt^2} = f\vec{r} \tag{4.4.1}$$

と書けます. 中心力のもとでの運動では以下に示すように角運動量 $\vec{L} = m(\vec{r} \times \vec{v})$ は時間的に変化しません. 実際,

$$\frac{d}{dt}(\vec{r} \times \vec{v}) = \vec{v} \times \vec{v} + \vec{r} \times \frac{d\vec{v}}{dt}$$

となりますが, 右辺第 1 項は同じベクトルのベクトル積なので 0 であり, 第 2 項も運動方程式 $d\vec{v}/dt = (f/m)\vec{r}$ を用いれば, $(f/m)\vec{r} \times \vec{r}$ となりやはり 0 になるからです.

　このことから

「中心力のもとでの運動は 1 平面内に限られる」

こともわかります. なぜなら, $\vec{r}$ と $\vec{L}$ のスカラー積を考えると

$$\vec{r} \cdot \vec{L} = m\vec{r} \cdot (\vec{r} \times \vec{v})$$

となりますが，右辺の括弧内のベクトルはベクトル積の定義から $\vec{r}$ と垂直であるため，$\vec{r}$ との内積は 0 になります．このことは位置ベクトル $\vec{r}$ は $\vec{L}$ と直交していることを意味します．一方，すぐ前に述べたように $\vec{L}$ は時間的に変化しない定数ベクトルであるため，$\vec{r}$ は常に時間的に変化しない平面内にあることがわかります．

（2）惑星の運動

　太陽のまわりの惑星の運動のように，質量のかなり異なる物体が互いに万有引力を及ぼし合って運動する状況を考えてみます（**惑星の運動**）．**万有引力の法則**とはニュートンによって発見された基本法則で，2つの物体の間にはそれぞれの物体の質量に比例し，物体間の距離の2乗に反比例する引力が働くというものです．

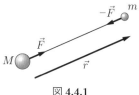

図 **4.4.1**

　いま，物体の大きさはお互いの距離に比べて非常に小さく質点とみなせると仮定します．また2つの物体間にかなりの質量差があるため，大きい質量の物体（質量を M とする）の動きは無視でき，小さな物体（質量を m とする）の運動だけを考えればよいことになります．そこで，大きい物体を原点とするような座標系をとり，そのとき小さな物体の位置ベクトルが $\vec{r}$ で表されたとします．このとき，万有引力は $r = |\vec{r}|$ として

$$\vec{F} = -\frac{GMm}{r^2}\frac{\vec{r}}{r} \quad (G: 万有引力定数) \tag{4.4.2}$$

と書けます．なぜなら，力の大きさは，式(4.4.2)の絶対値をとることにより

$$F = \frac{GMm}{r^2}$$

となり，また単位ベクトル $-\vec{r}/r$ は引力の方向（位置ベクトル $\vec{r}$ と反対方向）を向いているからです．式(4.4.2)は中心力（式(4.4.1)）で $f = -GMm/r^3$）

であるため，（1）で述べたように質点は平面内で運動を行います．そこで，運動を行う面において小さな質量の物体の位置座標を極座標 (r, θ) で表すことにします．

極座標の運動方程式は式(4.2.17) を参照して

$$
m \left(\frac{d^2 r}{dt^2} - r \left(\frac{d\theta}{dt} \right)^2 \right) = -\frac{GMm}{r^2} \quad (= f_r) \tag{4.4.3}
$$

$$
m \left(r \frac{d^2\theta}{dt^2} + 2 \frac{d\vec{r}}{dt} \frac{d\theta}{dt} \right) = 0 \quad (= f_\theta) \tag{4.4.4}
$$

となります．

以下，この微分方程式を解いてみます．まず，式(4.4.4) は

$$
\frac{1}{r} \frac{d}{dt} \left(r^2 \frac{d\theta}{dt} \right) = 0
$$

と書き換えられるため，解は

$$
r^2 \frac{d\theta}{dt} = h \quad (h = \text{定数}) \tag{4.4.5}
$$

であることがわかります．この式と式(4.4.3) から $d\theta/dt$ を消去すれば，未知関数 r に対する微分方程式

$$
\frac{d^2 r}{dt^2} - \frac{h^2}{r^3} = -\frac{a}{r^2} \quad (a = GM) \tag{4.4.6}
$$

が得られます．

この方程式を解くため，

$$
\frac{dr}{dt} = \frac{dr}{d\theta} \frac{d\theta}{dt} = \frac{h}{r^2} \frac{dr}{d\theta}
$$

という関係を用います．ただし，式(4.4.5) を用いています．さらに2階導関数は

$$
\frac{d^2 r}{dt^2} = \frac{d}{dt} \left(\frac{h}{r^2} \frac{dr}{d\theta} \right) = \frac{h}{r^2} \frac{d}{d\theta} \left(\frac{h}{r^2} \frac{dr}{d\theta} \right) = \frac{h^2}{r^2} \frac{d}{d\theta} \left(\frac{1}{r^2} \frac{dr}{d\theta} \right)
$$

と書くことができます．したがって，式(4.4.6) は

$$
\frac{h^2}{r^2} \frac{d}{d\theta} \left(\frac{1}{r^2} \frac{dr}{d\theta} \right) = \frac{h^2}{r^3} - \frac{a}{r^2} \tag{4.4.7}
$$

となります．次に変換

$$u = \frac{1}{r} \tag{4.4.8}$$

を施すと式(4.4.7)は

$$\frac{d^2u}{d\theta^2} + u = \frac{a}{h^2} \tag{4.4.9}$$

となります．この方程式の一般解は，右辺を0にした微分方程式の一般解に式(4.4.9)のひとつの特解 $u = a/h^2$ を足したものであり，

$$u = A\cos(\theta + \alpha) + a/h^2 \quad (A, \alpha：任意定数) \tag{4.4.10}$$

です．したがって，

$$r = \frac{l}{1 + e\cos(\theta + \alpha)} \quad \left(l = \frac{h^2}{a}, e = \frac{Ah^2}{a}\right)$$

となります．上式において $\theta = -\alpha$ のとき r は最小になります．角度 $\theta = 0$ を表す軸をどこにとっても自由なので r が最小になる方向を $\theta = 0$ と決めれば，上式で $\alpha = 0$ にできます．以上をまとめれば，運動方程式を解いて得られた質点の軌跡は

$$r = \frac{l}{1 + e\cos\theta} \quad \left(l = \frac{h^2}{a}, e = \frac{Ah^2}{a}\right) \tag{4.4.11}$$

になります．これは極座標で表現した円錐曲線を表しています．そして e の値に応じて楕円（$0 < e < 1$），放物線（$e = 1$），双曲線（$e > 1$）になります．

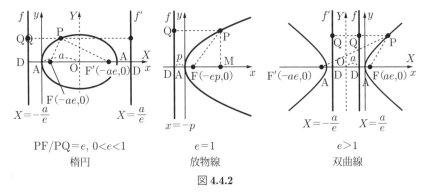

PF/PQ＝e, $0<e<1$　　　　　$e=1$　　　　　　　　$e>1$
楕円　　　　　　　　　　　　放物線　　　　　　　　　双曲線

図 **4.4.2**

4.5 力学的エネルギー保存法則

本節ではニュートンの運動方程式を積分することにより別の関係式を導きます。ニュートンの運動方程式

$$\vec{F} = m\vec{a} = m\frac{d^2\vec{r}}{dt^2}$$

と $d\vec{r}/dt$ の内積をとって t に関して区間 $[t_1, t_2]$ で積分すれば

$$m\int_{t_1}^{t_2} \frac{d^2\vec{r}}{dt^2} \cdot \frac{d\vec{r}}{dt}dt = \int_{t_1}^{t_2} \vec{F} \cdot \frac{d\vec{r}}{dt}dt \tag{4.5.1}$$

となります。ここで，左辺の被積分関数は

$$\frac{d^2\vec{r}}{dt^2} \cdot \frac{d\vec{r}}{dt} = \frac{1}{2}\frac{d}{dt}\left(\frac{d\vec{r}}{dt} \cdot \frac{d\vec{r}}{dt}\right) = \frac{1}{2}\frac{d|\vec{v}|^2}{dt} \tag{4.5.2}$$

と書けます。ただし，$\vec{v} = d\vec{r}/dt$ は速度ベクトルであり

$$|\vec{v}|^2 = \vec{v} \cdot \vec{v}$$

であることを用いています。したがって，式(4.5.1) の左辺は積分できて

$$m\int_{t_1}^{t_2} \frac{d^2\vec{r}}{dt^2} \cdot \frac{d\vec{r}}{dt}dt = \frac{1}{2}mv_2^2 - \frac{1}{2}mv_1^2 \tag{4.5.3}$$

となります。ただし，v_1, v_2 はそれぞれ $t = t_1, t_2$ のときの $|\vec{v}|$ の値です。一方，式(4.5.1) の右辺は合成関数の微分法から

$$\int_{t_1}^{t_2} \vec{F} \cdot \frac{d\vec{r}}{dt}dt = \int_{P_1}^{P_2} \vec{F} \cdot d\vec{r} = \int_{P_1}^{P_2}(F_x dx + F_y dy + F_z dz) \tag{4.5.4}$$

となります。ただし，P_1 は $t = t_1$ の質点の位置 (x_1, y_1, z_1) であり，x に関する積分のときは x_1，y に関する積分のときは y_1，z に関する積分のときは z_1 を表します。P_2 も同様です。

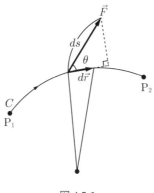

図 **4.5.1**

　一般に式（4.5.4）の右辺の積分（線積分）の値は，点 P_1 と P_2 をどのような曲線上にとって積分するかによって変化します．なぜなら，力（F_x 等）は積分路（軌道）によって異なる可能性があるからです．したがって，そのような場合には積分路を指定する必要があります．

　いま図 4.5.1 に示すように C に沿って積分することを考え，$d\vec{r}$ と $\vec{F}$ のなす角を θ，$d\vec{r}$ の長さ（$|d\vec{r}|$）を ds，$\vec{F}$ の大きさ（$|\vec{F}|$）を F とすれば

$$\vec{F} \cdot d\vec{r} = F\cos\theta ds$$

となります．以上のことから

$$\frac{1}{2}mv_2^2 - \frac{1}{2}mv_1^2 = \int_{P_1}^{P_2} \vec{F} \cdot d\vec{r} = \int_{P_1}^{P_2} F\cos\theta ds \tag{4.5.5}$$

という関係が得られます．

　式（4.5.5）の右辺は曲線 C を有限個の微小線分 C_i（長さ Δs_i）に分けて近似したとき

$$\sum_i (F_i \cos\theta_i)\Delta s_i$$

と近似できます．そして，総和の各項は力の方向に移動したときの距離と力を掛けたもの，すなわち仕事を表します．したがって，式（4.5.5）の右辺は曲線に沿ってなされた仕事という意味をもっています．

　点 P_2 において質点が静止したとすれば，$v_2 = 0$ になるため，式（4.5.5）は

$$\frac{1}{2}mv_1^2 = -\int_{P_1}^{P_2} \vec{F} \cdot d\vec{r} = -\int_{P_1}^{P_2} F\cos\theta ds$$

となります．右辺はもともと運動していた質点が静止するまでになす仕事という意味になり，したがって左辺は質点のもつ運動エネルギーとみなすべき量になっています．

さて，運動方程式の右辺の力 $\vec{F}$ を2つの部分に分けて

$$\vec{F} = -\nabla U + \vec{F}' \tag{4.5.6}$$

と書くことにします（$U = 0$ も含みます）．この式で右辺第2項が0になる場合，$\vec{F}$ を**保存力**，U を**ポテンシャル**といいます．たとえば，外力が重力の場合には，$\vec{F}$ は保存力で

$$U = mgz$$

となります．保存力のなす仕事を点 P_1 と P_2 の2点を結ぶ任意の曲線 C に沿って積分すると，

$$-\int_{P_1}^{P_2} \nabla U \cdot d\vec{r} = -\int_{P_1}^{P_2} \left(\frac{\partial U}{\partial x} dx + \frac{\partial U}{\partial y} dy + \frac{\partial U}{\partial z} dz \right)$$

$$= -\int_{P_1}^{P_2} dU = -[U]_{P_1}^{P_2} = U(P_1) - U(P_2) \tag{4.5.7}$$

となり，その値はどのような曲線に沿うかによらず，点 P_1 と点 P_2 の座標だけで決まります．式(4.5.7)を用いれば式(4.5.5)は

$$\left(\frac{1}{2} mv_2^2 + U(x_2, y_2, z_2) \right) - \left(\frac{1}{2} mv_1^2 + U(x_1, y_1, z_1) \right) = \int_{P_1}^{P_2} \vec{F}' \cdot d\vec{r} \tag{4.5.8}$$

となります．

式(4.5.8)において $\vec{F}'$ がもともと存在しない（$\vec{F}$ が保存力）か，存在しても運動の方向に垂直な場合（$\vec{F}' \cdot d\vec{r} = 0$）は右辺の積分は0になります．このとき

$$\frac{1}{2} mv_2^2 + U(x_2, y_2, z_2) = \frac{1}{2} mv_1^2 + U(x_1, y_1, z_1) \tag{4.5.9}$$

という関係が得られます．運動エネルギーとポテンシャルエネルギーの和を力学的エネルギーとよんでいますが，式(4.5.9)では保存力のもと（あるいは運動と垂直に働く力のもと）では力学的エネルギーは場所によらないこと，すなわち**力学的エネルギーの保存則**を表しています．なお，外力が重力だけの場合，式(4.5.9)は

$$\frac{1}{2}mv^2 + mgz = \text{一定} \tag{4.5.10}$$

となります.

Example 4.5.1

　図 4.5.2 に示すような長さ l の振り子が, 鉛直軸から θ の角度で振れている
とき, 最下点における速さを求めなさい. また $l = 3m$, $\theta = 30°$ のときの速
さを計算しなさい. ただし, 摩擦や空気の抵抗は無視し, 重力加速度を 9.8m/
s^2 とします.

[**Answer**]

　力学的エネルギー保存法則を利用します. 図より最高点は最下点より $l(1-\cos\theta)$ だけ高い位置にあります. また最高点では速さは 0 です. そこで, 最下
点の高さを $z = 0$ とし, そこでの速さを v とすれば, 式(4.5.10) より

$$\frac{1}{2}mv^2 + mg \times 0 = \frac{1}{2}m0^2 + mgl(1-\cos\theta)$$

が成り立ちます (m は振り子につるされているおもりの質量). したがって,
$v = \sqrt{gl(1-\cos\theta)}$ となります. 特にこの式に与えられた数値を代入すれば

$$v = \sqrt{9.8 \times 3 \times (1 - \sqrt{3}/2)} = 1.98 \text{ m/s}$$

すなわち, このようなブランコをこいだとき[*3] の速さが得られます.

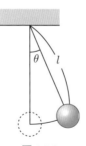

図 **4.5.2**

---

*3　こいでいる人の体重には無関係です.

1. 図1に示すように，鉛直面（xy面とします）内において点$(0, h)$からx方向に速さv_0で質量m物体を投げたとき，地面（$y = 0$）に到達したときの距離およびかかった時間をニュートンの運動方程式

$$m\frac{d^2\vec{r}}{dt^2} = m\vec{g} \quad (\vec{r} = (x, y), \vec{g} = (0, -g))$$

を解くことにより求めなさい．

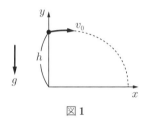

図1

2. 水平面と角度θをなす斜面からある角度で物体を投げたとき，到達点を最長にするための角度と到達距離を，図2を参考にして求めなさい．

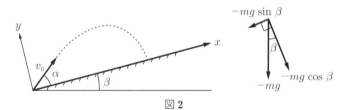

図2

3. 平面内を運動する質点に$\vec{f} = (ax^2, bxy)$という力が働いているとします．このとき，x軸上の点 P$(c, 0)$からy軸上の点 Q$(0, c)$まで，半径Cの円周に沿って動く場合と，線分 PQ に沿って動く場合の仕事を求めなさい．

Appendix A

他の座標系での成分表示

平面上の点の位置は xy 座標 (x, y) だけではなく極座標 (r, θ) を用いても指定できます。ここで極座標とは図 A.1.1 に示すように，位置を表すのに原点からの距離 r と基準線（通常は x 軸）からの角度 θ を用いる座標です（図の OP を**動径**とよんでいます）。したがって，xy 座標との間には

$$x = r \cos \theta$$
$$y = r \sin \theta \tag{A.1.1}$$

あるいは

$$r = \sqrt{x^2 + y^2}, \quad \theta = \tan^{-1} y/x \tag{A.1.2}$$

の関係があります。

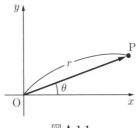

図 **A.1.1**

ここでベクトル $\vec{A}$ を図 A.1.2 に示すように OP 方向の成分（**動径成分**といいます）A_r とそれに垂直方向成分（**角度成分**）A_θ に分解してみます。それぞれの方向の単位ベクトルを $\vec{e}_r$ と $\vec{e}_\theta$ と記すことにすれば

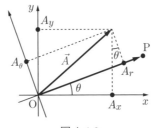

図 **A.1.2**

$$\vec{A} = A_r \vec{e}_r + A_\theta \vec{e}_\theta \tag{A.1.3}$$

と書くことができます．また xy 座標では（点 P を原点と考えれば）

$$\vec{A} = A_x \vec{i} + A_y \vec{j} \tag{A.1.4}$$

となります．

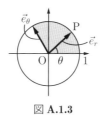

図 **A.1.3**

はじめに $\vec{e}_r, \vec{e}_\theta$ と $\vec{i}, \vec{j}$ の関係を求めてみます．まず図 A.1.3 から $\vec{e}_r = \vec{OP}$ は半径 1 の円周上の点であるため，図を参照して

$$\vec{e}_r = \cos\theta \vec{i} + \sin\theta \vec{j} \tag{A.1.5}$$

になります．$\vec{e}_\theta$ は $\vec{e}_r$ に垂直で θ が増加する方向を向いています．したがって，求める 2 次元ベクトル $\vec{e}_\theta$ は

$$\vec{e}_\theta = \cos\left(\theta + \frac{\pi}{2}\right)\vec{i} + \sin\left(\theta + \frac{\pi}{2}\right)\vec{j} = -\sin\theta \vec{i} + \cos\theta \vec{j} \tag{A.1.6}$$

になります．式(A.1.5)，(A.1.6) から関係式

$$\vec{e}_r \cdot \vec{i} = \cos\theta, \quad \vec{e}_r \cdot \vec{j} = \sin\theta, \quad \vec{e}_\theta \cdot \vec{i} = -\sin\theta, \quad \vec{e}_\theta \cdot \vec{j} = \cos\theta \tag{A.1.7}$$

が得られます．

次に (A_x, A_y) と (A_r, A_θ) の関係を求めてみます．それには，

$$\vec{A} = A_x \vec{i} + A_y \vec{j} = A_r \vec{e}_r + A_\theta \vec{e}_\theta \tag{A.1.8}$$

と書いて $\vec{i}$, $\vec{j}$ あるいは $\vec{e}_r$, $\vec{e}_\theta$ との内積をとります．そのとき，式(A.1.7) を利用します．その結果

$$A_x (= \vec{A} \cdot \vec{i}) = A_r \cos\theta - A_\theta \sin\theta$$

$$A_y (= \vec{A} \cdot \vec{j}) = A_r \sin\theta + A_\theta \cos\theta \tag{A.1.9}$$

または $\vec{e}_r \cdot \vec{e}_r = 1$, $\quad \vec{e}_r \cdot \vec{e}_\theta = 0$, $\quad \vec{e}_\theta \cdot \vec{e}_\theta = 1$ より

$$A_r(= \vec{A} \cdot \vec{e}_r) = A_x \cos\theta + A_y \sin\theta$$

$$A_\theta(= \vec{A} \cdot \vec{e}_\theta) = -A_x \sin\theta + A_y \cos\theta \qquad \text{(A.1.10)}$$

が得られます.

3次元の場合に直角座標以外に位置ベクトルを表す代表的な座標系に**円柱座標**と**球座標**があります.

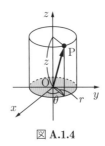

図 **A.1.4**

円柱座標とは xy 面に平行な面においては極座標 (r, θ) を用い, z 方向はそのまま z 座標を使うもので, 座標点は (r, θ, z) となり, 直角座標との関係は

$$x = r\cos\theta, \quad y = r\sin\theta, \quad z = z \qquad \text{(A.1.11)}$$

となります (図 A.1.4). したがって, 3次元ベクトルは

$$\vec{A} = A_x\vec{i} + A_y\vec{j} + A_z\vec{k} = A_r\vec{e}_r + A_\theta\vec{e}_\theta + A_z\vec{k} \qquad \text{(A.1.12)}$$

と表されます. 成分間の関係や基本ベクトルの関係は2次元極座標と同じです.

球座標とは, 図 A.1.5 のように点 P の位置を表すのに原点からの距離 r と xy 面内の回転角 φ および z 軸から測った角度 θ ($\theta = 0$ が z 軸の部分) を用います. したがって, (x, y, z) と (r, φ, θ) の間には (図 A.1.5 を参照して)

$$x = r\sin\theta\cos\varphi$$

$$y = r\sin\theta\sin\varphi \qquad \text{(A.1.13)}$$

$$z = r\cos\theta$$

の関係があります.

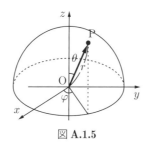

図 **A.1.5**

　次に直角座標の基本ベクトル $\vec{i}$, $\vec{j}$, $\vec{k}$ と球座標の基本ベクトル $\vec{e}_r$, $\vec{e}_\varphi$, $\vec{e}_\theta$ の間の関係を求めてみます．まず，$\vec{e}_r$ は原点 O と半径 1 の球面上の点 P を結んだベクトル $\vec{OP}$ なので，式(A.1.13) で $r = 1$ とおいて

$$\vec{e}_r = \sin\theta\cos\varphi\,\vec{i} + \sin\theta\sin\varphi\,\vec{j} + \cos\theta\,\vec{k} \tag{A.1.14}$$

となります．次に $\vec{e}_\varphi$ は xy 面に平行な面内ある単位ベクトル（したがって，$\vec{k}$ 成分をもたないベクトル）であり，xy 面に平行な面と球面との交線が円であることから，図 A.1.6 および式(A.1.6) を参照して

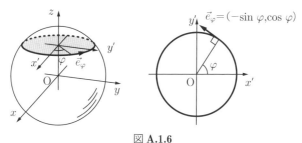

図 **A.1.6**

$$\vec{e}_\varphi = -\sin\varphi\,\vec{i} + \cos\varphi\,\vec{j} \tag{A.1.15}$$

となります．最後に $\vec{e}_\theta$ は $\vec{e}_r$ および $\vec{e}_\varphi$ に垂直で θ の増加方向を向くベクトルであるので外積を用いて

$$\vec{e}_\theta = \vec{e}_\varphi \times \vec{e}_r = \begin{vmatrix} \vec{i} & \vec{j} & \vec{k} \\ -\sin\varphi & \cos\varphi & 0 \\ \sin\theta\cos\varphi & \sin\theta\sin\varphi & \cos\theta \end{vmatrix}$$

$$= \cos\theta\cos\varphi\,\vec{i} + \cos\theta\sin\varphi\,\vec{j} - \sin\theta\,\vec{k} \tag{A.1.16}$$

となります．これらの関係から

$$\vec{e}_r \cdot \vec{i} = \sin\theta\cos\varphi, \quad \vec{e}_r \cdot \vec{j} = \sin\theta\,\sin\varphi, \quad \vec{e}_r \cdot \vec{k} = \cos\theta$$

$$\vec{e}_\varphi \cdot \vec{i} = -\sin\varphi, \quad \vec{e}_\varphi \cdot \vec{j} = \cos\varphi, \quad \vec{e}_\varphi \cdot \vec{k} = 0 \qquad (\text{A.1.17})$$

$$\vec{e}_\theta \cdot \vec{i} = \cos\theta\cos\varphi, \quad \vec{e}_\theta \cdot \vec{j} = \cos\theta\sin\varphi, \quad \vec{e}_\theta \cdot \vec{k} = -\sin\theta$$

が得られます．成分間の関係は 2 次元極座標の場合と同様に

$$\vec{A} = A_x\vec{i} + A_y\vec{j} + A_z\vec{k} = A_r\vec{e}_r + A_\varphi\vec{e}_\varphi + A_\theta\vec{e}_\theta$$

と書いて，ベクトル$\vec{e}_r$, $\vec{e}_\varphi$, $\vec{e}_\theta$との内積を計算し，式(A.1.17) を利用すれば

Point

$$A_x(= \vec{A} \cdot \vec{i}) = A_r\sin\theta\cos\varphi + A_\theta\cos\theta\cos\varphi - A_\varphi\sin\varphi$$

$$A_y(= \vec{A} \cdot \vec{j}) = A_r\sin\theta\sin\varphi + A_\theta\cos\theta\sin\varphi + A_\varphi\cos\varphi \quad (\text{A.1.18})$$

$$A_z(= \vec{A} \cdot \vec{k}) = A_r\cos\theta - A_\theta\sin\theta$$

となります．

Appendix B

応力とテンソル

　有限の大きさの物体を押したり，引っ張ったりすると物体の内部にも力が働きます．どのような力が内部に働いているのかは，物体内にひとつの面を考えて，その面に働く単位面積あたりの力を調べます．このような力を**応力**とよんでいます．応力は力なので，ベクトル量（**応力ベクトル**）ですが，面を変えれば応力も変わります．すなわち，応力を指定するためには作用点のみならず，面も指定する必要があります．一方，面はそれに垂直な方向を指定すれば一意に決まります．したがって，応力を表すには，力を指定するための方向と大きさだけでなく，面を決めるための方向も必要になるため，2つの方向と1つの大きさが必要です．このように，2つの方向と1つの大きさを指定してはじめて決まる量を**2階テンソル**とよんでいます．特に応力を表す2階テンソルを**応力テンソル**とよんでいます．

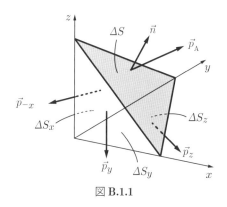

図 B.1.1

　以下に，応力テンソルの表現法を調べてみます．はじめに図 B.1.1 に示すように，静止物体内に，応力を考える面をその法線 $\vec{n}$ で指定します．したがって，この $\vec{n}$ に対して応力ベクトルが決まることになります．いま，図に示すようにこの面を斜面とするような微小四面体を考えます．ただし，四面体の他の面は各座標軸に垂直であるとします．そしてこの四面体に対して力の釣り合いの

式を書きます．四面体には各面に働く応力の他に重力など体積に比例する力（体積力）も働きますが，微小部分については，応力が辺の長さの2乗に比例するのに対して，体積力は辺の3乗に比例し高次の微小量になるため，釣り合いを考えるときは無視できます．応力は単位面積あたりの力なので釣り合いの式は

$$\vec{p}_n \Delta S + \vec{p}_{-x}\Delta S_x + \vec{p}_{-y}\Delta S_y + \vec{p}_{-z}\Delta S_z = 0 \tag{B.1.1}$$

となります．ただし，ΔS は斜面の面積，ΔS_x, ΔS_y, ΔS_z は x, y, z 軸に垂直な面の面積，$\vec{p}_n$, $\vec{p}_{-x}$, $\vec{p}_{-y}$, $\vec{p}_{-z}$ はそれぞれに働く応力です．なお，$\vec{p}_{-x}$ において x に負の符号がつけてあるのは外向きの法線が x 軸の負の方向を向いているからであり，$\vec{p}_{-y}$, $\vec{p}_{-z}$ も同様です．

単位法線ベクトル $\vec{n}$ を

$$\vec{n} = (n_x, n_y, n_z) \tag{B.1.2}$$

と記せば，1章の章末問題に示したように

$$\Delta S_x = n_x \Delta S, \quad \Delta S_y = n_y \Delta S, \quad \Delta S_z = n_z \Delta S \tag{B.1.3}$$

が成り立ちます．さらに，**作用反作用の法則**から

$$\vec{p}_{-x} = -\vec{p}_x, \quad \vec{p}_{-y} = -\vec{p}_y, \quad \vec{p}_{-z} = -\vec{p}_z \tag{B.1.4}$$

となります．したがって，式(B.1.1) は

$$\vec{p}_n = n_x \vec{p}_x + n_y \vec{p}_y + n_z \vec{p}_z \tag{B.1.5}$$

と書けます．

いま，$\vec{p}_n$ の成分表示を (p_{nx}, p_{ny}, p_{nz})，$\vec{p}_x$ の成分表示を (p_{xx}, p_{xy}, p_{xz}) とし，$\vec{p}_y$, $\vec{p}_z$ の成分表示も同様に記すことにすれば，式(B.1.5) は行列

$$P = \begin{bmatrix} p_{xx} & p_{xy} & p_{xz} \\ p_{yx} & p_{yy} & p_{yz} \\ p_{zx} & p_{zy} & p_{zz} \end{bmatrix} \tag{B.1.6}$$

を用いて

$$\vec{p}_n = P\vec{n}$$

と書けることがわかります．式(B.1.6) から3つの特殊な面（この場合は座標軸に垂直な面）に対して応力ベクトルがわかれば**行列 P** をつくることができ，任意の面に関する応力が（その面の方向 $\vec{n}$ を指定して）行列 P とベクトル $\vec{n}$ の積によって計算できることを示しています．このことは行列 P が応力を表す実体であることを意味しています．すなわち，応力テンソルは3行3列の行

列で表現できます.

　上述のように2階テンソルは行列を用いて表せますが，より高階のテンソルは行列の表記はできません．そこで，式(B.1.6)を**高階テンソル**への拡張ができるように

$$P = p_{11}\vec{e_1}\vec{e_1} + p_{12}\vec{e_1}\vec{e_2} + p_{13}\vec{e_1}\vec{e_3} + \cdots + p_{33}\vec{e_3}\vec{e_3} = p_{ij}\vec{e_i}\vec{e_j} \tag{B.1.7}$$

と記すことがあります．ここで，単位ベクトルを2つ並べた $\vec{e_i}\vec{e_j}$ はベクトル間のなんらかの演算を表すわけではなく，新たな成分を表すだけのものです．したがって，このように記せば9つの成分が指定できるため，行列を表していると解釈できます．すなわち，i 行 j 列（ただし，1，2，3が x，y，z に対応）の位置を表す記号が $\vec{e_i}\vec{e_j}$ であると考えます．なお，式(B.1.7)の最後の等号は**アインシュタインの規約**を用いた表記（同じ添え字が現われた場合，その添え字の可能な値について和をとる）になっています．

　本書では3階以上のテンソルは述べませんがこの記法を用いれば3階テンソルは

$$P = p_{ijk}\vec{e_i}\vec{e_j}\vec{e_k} \tag{B.1.8}$$

と表せます.

■変換則とテンソル

　はじめにベクトルについて議論します．力を考えてもわかるように，ベクトルはもともと座標系の選び方に依存しない量です．しかし，いったん座標系を決めてベクトルを成分で表すと，その成分は座標系に依存します．そこで，直角座標系とそれを回転して得られる座標系（それぞれの基本ベクトルを $\vec{e_i}$ と $\vec{e_i}'$ とします）の間で成分がどのように変化するか（**ベクトルの変換則**）を考えてみます．

　$\vec{e_i}$ と $\vec{e_i}'$ は基本ベクトルであるので

$$\vec{e_i}\cdot\vec{e_j} = \delta_{ij}, \quad \vec{e_i}'\cdot\vec{e_j}' = \delta_{ij} \tag{B.1.9}$$

という関係が成り立ちます．ここで δ_{ij} は2つの添字が等しいとき1，異なるとき0を表わす記号です．2組の基本ベクトルの間には

$$\vec{e_i} = b_{ik}\vec{e_k}', \quad \vec{e_k}' = b_{ik}\vec{e_i} \tag{B.1.10}$$

という関係があります．ただし，アインシュタインの規約を使っています．このときの係数の間には

$$b_{ik}b_{jk} = \delta_{ij}\,, \quad b_{ik}b_{il} = \delta_{kl} \tag{B.1.11}$$

という関係が成り立つことは式(B.1.10) を式(B.1.9) に代入することで確かめることができます．実際

$$\delta_{ij} = \vec{e}_i \cdot \vec{e}_j = b_{ik}\vec{e}_k' \cdot b_{jl}\vec{e}_l' = b_{ik}b_{jl}\delta_{kl} = b_{ik}b_{jk}$$

$$\delta_{kl} = \vec{e}_k' \cdot \vec{e}_l' = b_{ik}\vec{e}_i \cdot b_{jl}\vec{e}_j = b_{ik}b_{jl}\delta_{ij} = b_{ik}b_{il}$$

となります．

　任意のベクトル $\vec{A}$ は基本ベクトルを用いて

$$\vec{A} = A_i\vec{e}_i = A_k\vec{e}_k' \tag{B.1.12}$$

と表せますが，その成分の間には

$$A_i = b_{ik}A_k'\,, \quad A_k' = b_{ik}A_i \tag{B.1.13}$$

という関係があります．実際，式(B.1.10) を式(B.1.12) に代入すれば

$$A_i b_{ik}\vec{e}_i' = A_k'\vec{e}_k'\,, \quad A_i\vec{e}_i = A_k'b_{ik}\vec{e}_i$$

となります．そこで，変換則(B.1.13) に従う量をベクトルと定義することもできます．

　次に**テンソルの変換則**を考えます．いま応力など2階テンソルが2つの座標系において

$$P = p_{ij}\vec{e}_i\vec{e}_j = p_{ij}'\vec{e}_i'\vec{e}_j' \tag{B.1.14}$$

と表されたとします．このとき

$$P = p_{ij}\vec{e}_i\vec{e}_j = p_{ij}(a_{ki}\vec{e}_k')(a_{lj}\vec{e}_l') = a_{ki}a_{lj}p_{ij}\vec{e}_k'\vec{e}_l' = p_{kl}'\vec{e}_k'\vec{e}_l'$$

であり，同様に

$$P = p_{ij}'\vec{e}_i'\vec{e}_j' = p_{ij}'\left(a_{ik}\vec{e}_k\right)\left(a_{jl}\vec{e}_l\right) = a_{ik}a_{jl}p_{ij}'\vec{e}_k\vec{e}_l = p_{kl}\vec{e}_k\vec{e}_l$$

となります．まとめると，テンソルは2つの座標系で

$$p_{kl}' = a_{ki}a_{lj}p_{ij} \qquad p_{kl} = a_{ik}a_{jl}p_{ij}' \tag{B.1.15}$$

で表せます．そこで，逆に変換則 (B.1.15) に従う量を2階テンソルと定義することもできます．

Appendix C

問題略解

Chapter 1

1. (a) $(\vec{a}-\vec{b})\cdot(\vec{a}+\vec{b}) = \vec{a}\cdot\vec{a} - \vec{b}\cdot\vec{a} + \vec{a}\cdot\vec{b} - \vec{b}\cdot\vec{b} = |\vec{a}|^2 - |\vec{b}|^2$
   (b) $(\vec{a}+\vec{b}) \times (\vec{a}-\vec{b}) = \vec{a}\times\vec{a} + \vec{b}\times\vec{a} - \vec{a}\times\vec{b} - \vec{b}\times\vec{b} = \vec{b}\times\vec{a} + \vec{b}\times\vec{a} = 2\vec{b}\times\vec{a}$

2. $\vec{a}\cdot\vec{b} = |\vec{a}||\vec{b}|\cos\theta$ より
$$\sqrt{|\vec{a}|^2|\vec{b}|^2 - (\vec{a}\cdot\vec{b})^2} = \sqrt{|\vec{a}|^2|\vec{b}|^2(1-\cos^2\theta)} = |\vec{a}||\vec{b}||\sin\theta| = |\vec{a}\times\vec{b}|$$

3. $\vec{A}\cdot\vec{B} = \vec{B}\cdot\vec{C} = \vec{C}\cdot\vec{A} = 0$ となればよいでの連立3元1次方程式
$$-2a - 2b + 3 = 0, \quad -2 + 2b - c = 0, \quad a - 4 - 3c = 0$$
を解いて $a = 1$, $b = 1/2$, $c = -1$.

4. $\vec{n} = (n_x, n_y, n_z)$ を三角形 ABC に垂直な単位ベクトルとすれば
$$(\Delta S)\vec{n} = \frac{1}{2}\left(\overrightarrow{AB}\times\overrightarrow{AC}\right) = \frac{1}{2}\left(\overrightarrow{OB}-\overrightarrow{OA}\right)\times\left(\overrightarrow{OC}-\overrightarrow{OA}\right)$$
ここで
$$\overrightarrow{OA} = (a,\ 0,\ 0), \quad \overrightarrow{OB} = (0,\ b,\ 0), \quad \overrightarrow{OC} = (0,\ 0,\ c)$$
を代入すれば

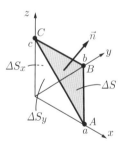

$$(\Delta S)n_x i + (\Delta S)n_y j + (\Delta S)n_z k = \frac{1}{2}\begin{vmatrix} \vec{i} & \vec{j} & \vec{k} \\ -a & b & 0 \\ -a & 0 & c \end{vmatrix}$$
$$= \frac{bc}{2}\vec{i} + \frac{ac}{2}\vec{j} + \frac{ab}{2}\vec{k} = \Delta S_x\vec{i} + \Delta S_y\vec{j} + \Delta S_z\vec{k}$$
となります．そこで成分を比較します．

5. (a) ベクトル3種類を利用します．
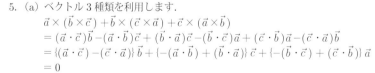
$$\vec{a}\times(\vec{b}\times\vec{c}) + \vec{b}\times(\vec{c}\times\vec{a}) + \vec{c}\times(\vec{a}\times\vec{b})$$
$$= (\vec{a}\cdot\vec{c})\vec{b} - (\vec{a}\cdot\vec{b})\vec{c} + (\vec{b}\cdot\vec{a})\vec{c} - (\vec{b}\cdot\vec{c})\vec{a} + (\vec{c}\cdot\vec{b})\vec{a} - (\vec{c}\cdot\vec{a})\vec{b}$$
$$= \{(\vec{a}\cdot\vec{c}) - (\vec{c}\cdot\vec{a})\}\vec{b} + \{-(\vec{a}\cdot\vec{b}) + (\vec{b}\cdot\vec{a})\}\vec{c} + \{-(\vec{b}\cdot\vec{c}) + (\vec{c}\cdot\vec{b})\}\vec{a}$$
$$= 0$$

(b) $\vec{a} \times \vec{b} = \vec{f}$ とおきスカラー 3 種類の性質を利用します.
$$(\vec{a} \times \vec{b}) \cdot (\vec{c} \times \vec{d}) = \vec{f} \cdot (\vec{c} \times \vec{d}) = \vec{d} \cdot (\vec{f} \times \vec{c}) = -\vec{d} \cdot (\vec{c} \times \vec{f})$$
$$= -\vec{d} \cdot \{\vec{c} \times (\vec{a} \times \vec{b})\} = -\vec{d} \cdot \{(\vec{c} \cdot \vec{b})\vec{a} - (\vec{c} \cdot \vec{a})\vec{b}\}$$
$$= -(\vec{c} \cdot \vec{b})(\vec{d} \cdot \vec{a}) + (\vec{c} \cdot \vec{a})(\vec{d} \cdot \vec{b}) = (\vec{a} \cdot \vec{c})(\vec{b} \cdot \vec{d}) - (\vec{a} \cdot \vec{d})(\vec{b} \cdot \vec{c})$$

Chapter 2

1. (a) $\vec{A} \cdot \vec{B} = t \sin t - 2t^2 \cos t - 3t^4$ より $(A \cdot B)' = \sin t - 3t \cos t + 2t^2 \sin t - 12t^3$

(b) $\vec{A} \times \vec{B} = \begin{vmatrix} \vec{i} & \vec{j} & \vec{k} \\ t & 2t^2 & -3t^3 \\ \sin t & -\cos t & t \end{vmatrix}$

$= (2t^3 - 3t^3 \cos t)\,\vec{i} + (-3t^3 \sin t - t^2)\,\vec{j} + (-t \cos t - 2t^2 \sin t)\,\vec{k}$

$(\vec{A} \times \vec{B})' = 3t^2(2 - 3\cos t + t \sin t)\,\vec{i} - t(9t \sin t + 3t^2 \cos t + 2)\,\vec{j}$
$\qquad - (\cos t + 3t \sin t + 2t^2 \cos t)\,\vec{k}$

(c) $|\vec{B}|^2 = \sin^2 t + \cos^2 t + t^2 = 1 + t^2$ より $(|\vec{B}|^2)' = 2t$

(d) $\displaystyle\int \vec{B}\,dt = \int (\sin t\,\vec{i} - \cos t\,\vec{j} + t\,\vec{k})\,dt = -\cos t\,\vec{i} - \sin t\,\vec{j} + \frac{t^2}{2}\vec{k} + \vec{K}$ ($\vec{K}$：定数ベクトル)

(e) $\displaystyle\int_1^2 \vec{A}\,dt = \int_1^2 (t\,\vec{i} + 2t^2\,\vec{j} - 3t^3\,\vec{k})\,dt = \left[\frac{t^2}{2}\right]_1^2 \vec{i} + \left[\frac{2}{3}t^3\right]_1^2 \vec{j} - \left[\frac{3}{4}t^4\right]_1^2 \vec{k}$
$\qquad = \dfrac{3}{2}\vec{i} + \dfrac{14}{3}\vec{j} - \dfrac{45}{4}\vec{k}$

2. (a) 2 次元ベクトルで示しますが 3 次元でも同じです.
$$\vec{A} = A_x\vec{i} + A_y\vec{j}, \quad \vec{B} = B_x\vec{i} + B_y\vec{j}$$
とおきます.
$$(\vec{A} \cdot \vec{B})' = (A_x B_x + A_y B_y)' = A'_x B_x + A_x B'_x + A'_y B_y + A_y B'_y$$
$$= A'_x B_x + A'_y B_y + A_x B'_x + A_y B'_y = \vec{A}' \cdot \vec{B} + \vec{A} \cdot \vec{B}'$$

(b) x 成分だけ示しますが y, z 成分も同じです.
$\vec{A} = A_x\vec{i} + A_y\vec{j} + A_z\vec{k}, \quad \vec{B} = B_x\vec{i} + B_y\vec{j} + B_z\vec{k}$ とおきます.

$\vec{A} \times \vec{B} = \begin{vmatrix} \vec{i} & \vec{j} & \vec{k} \\ A_x & A_y & A_z \\ B_x & B_y & B_z \end{vmatrix}, \quad \vec{A}' \times \vec{B} = \begin{vmatrix} \vec{i} & \vec{j} & \vec{k} \\ A'_x & A'_y & A'_z \\ B_x & B_y & B_z \end{vmatrix},$

$\vec{A} \times \vec{B}' = \begin{vmatrix} \vec{i} & \vec{j} & \vec{k} \\ A_x & A_y & A_z \\ B'_x & B'_y & B'_z \end{vmatrix}$

$(\vec{A} \cdot \vec{B})'_x = (A_y B_z - A_z B_y)' = A'_y B_z + A_y B'_z - A'_z B_y - A_z B'_y$
$\qquad = A'_y B_z - A'_z B_y + A_y B'_z - A_z B'_y = (\vec{A}' \times \vec{B})_x + (\vec{A} \times \vec{B}')_x$

(c) (a) より $\vec{A} \cdot \vec{B}' = (\vec{A} \cdot \vec{B})' - \vec{A}' \cdot \vec{B}$. これを t で積分します.

(d) (b) より $\vec{A} \times \vec{B}' = (\vec{A} \times \vec{B})' - \vec{A}' \times \vec{B}$. これを t で積分します.

3. 接線の傾きを θ とおくと $dy/dx = \tan\theta$ より $\theta = \tan^{-1}(dy/dx)$

$$\kappa = \pm \frac{d\theta}{ds} = \pm \frac{d\theta}{dx}\frac{dx}{ds} = \pm \frac{\dfrac{d}{dx}(dy/dx)}{1 + (dy/dx)^2}\frac{1}{ds/dx}$$

一方

$$ds = \sqrt{(ds)^2 + (dy)^2} \text{ より } ds/dx = \sqrt{1 + (dy/dx)^2} \text{ したがって}$$

$$\kappa = \pm \frac{d\theta}{ds} = \pm \frac{d^2y/dx^2}{\left(1 + (dy/dx)^2\right)^{3/2}}$$

4. 右図より $\vec{b} \times \vec{t} = \vec{n}$, $\vec{t} \times \vec{n} = \vec{b}$, $\vec{n} \times \vec{b} = \vec{t}$

$\vec{f} \times \vec{t} = (\tau\vec{t} + \kappa\vec{b}) \times \vec{t} = \tau\vec{t} \times \vec{t} + \kappa\vec{b} \times \vec{t} = \kappa\vec{n}\ (\because \vec{t} \times \vec{t} = 0)$

$\vec{f} \times \vec{n} = (\tau\vec{t} + \kappa\vec{b}) \times \vec{n} = \tau\vec{t} \times \vec{n} + \kappa\vec{b} \times \vec{n} = \tau\vec{b} - \kappa\vec{t}$

$\vec{f} \times \vec{b} = (\tau\vec{t} + \kappa\vec{b}) \times \vec{b} = \tau\vec{t} \times \vec{b} + \kappa\vec{b} \times \vec{b} = -\tau\vec{n}\ (\because \vec{b} \times \vec{b} = 0)$

5. (a) 曲面上の位置ベクトルは $\vec{r} = x\vec{i} + y\vec{j} + f(x,y)\vec{k}$ となります. したがって

$$\frac{\partial \vec{r}}{\partial x} \times \frac{\partial \vec{r}}{\partial y} = \left(\vec{i} + \frac{\partial f}{\partial x}\vec{k}\right) \times \left(\vec{j} + \frac{\partial f}{\partial y}\vec{k}\right) = -\frac{\partial f}{\partial x}\vec{i} - \frac{\partial f}{\partial y}\vec{j} + \vec{k}$$

$$\vec{n} = \frac{\frac{\partial \vec{r}}{\partial x} \times \frac{\partial \vec{r}}{\partial y}}{\left|\frac{\partial \vec{r}}{\partial x} \times \frac{\partial \vec{r}}{\partial y}\right|} = \frac{-\frac{\partial f}{\partial x}\vec{i} - \frac{\partial f}{\partial y}\vec{i} + \vec{k}}{\sqrt{1 + \left(\frac{\partial f}{\partial x}\right)^2 + \left(\frac{\partial f}{\partial y}\right)^2}}$$

また

(b)

$$\left|\frac{\partial \vec{r}}{\partial x} \times \frac{\partial \vec{r}}{\partial y}\right| = \sqrt{1 + \left(\frac{\partial f}{\partial x}\right)^2 + \left(\frac{\partial f}{\partial y}\right)^2} \text{ より } S = \iint_S \sqrt{1 + \left(\frac{\partial f}{\partial x}\right)^2 + \left(\frac{\partial f}{\partial y}\right)^2}\,dxdy$$

Chapter 3

1. $\nabla f = (yz + 4xy)\vec{i} + (xz + 2x^2)\vec{j} + xy\vec{k}$ は点 P(1, −2, 1) で $\nabla f_P = -10\vec{i} + 3\vec{j} - 2\vec{k}$

$$\left.\frac{\partial f}{\partial s}\right|_P = \vec{e} \cdot \nabla f_P = \left(-\frac{2}{3}\vec{i} - \frac{1}{3}\vec{j} + \frac{2}{3}\vec{k}\right) \cdot (-10\vec{i} + 3\vec{j} - 2\vec{k}) = \frac{20}{3} - 1 - \frac{4}{3} = \frac{13}{3}$$

2. (a) $\nabla r = \frac{\partial}{\partial x}\left(\sqrt{x^2 + y^2 + z^2}\right)\vec{i} + \frac{\partial}{\partial y}\left(\sqrt{x^2 + y^2 + z^2}\right)\vec{j} + \frac{\partial}{\partial z}\left(\sqrt{x^2 + y^2 + z^2}\right)\vec{k}$

$$= \frac{x\vec{i} + y\vec{j} + z\vec{k}}{\sqrt{x^2 + y^2 + z^2}} = \frac{\vec{r}}{r}$$

   (b) $\nabla \cdot \vec{r} = \nabla \cdot (x\vec{i} + y\vec{j} + z\vec{k}) = 3$

   (c) $\nabla \cdot \dfrac{\vec{r}}{r} = \nabla\left(\dfrac{1}{r}\right) \cdot \vec{r} + \dfrac{1}{r}\nabla \cdot \vec{r} = -\dfrac{1}{r^2}\nabla r \cdot \vec{r} + \dfrac{3}{r} = -\dfrac{1}{r^2}\dfrac{\vec{r}}{r} \cdot \vec{r} + \dfrac{3}{r} = \dfrac{2}{r}$

   (d) $\nabla\left(\dfrac{1}{r^2}\right) = \dfrac{d}{dr}\left(\dfrac{1}{r^2}\right)\nabla r = -\dfrac{2}{r^3}\dfrac{\vec{r}}{r} = -\dfrac{2\vec{r}}{r^4}$

   (e) $\nabla \times \vec{r} = \begin{vmatrix} \vec{i} & \vec{j} & \vec{k} \\ \partial/\partial x & \partial/\partial y & \partial/\partial z \\ x & y & z \end{vmatrix} = 0$

   (f) $\nabla \times (r^2\vec{r}) = (\nabla r^2) \times \vec{r} + r^2\nabla \times \vec{r} = 2r\nabla r \times \vec{r} + 0 = 2\vec{r} \times \vec{r} = 0$

3. (a) $\nabla \cdot (\nabla f) = \nabla \cdot \left(\dfrac{\partial f}{\partial x}\vec{i} + \dfrac{\partial f}{\partial y}\vec{j} + \dfrac{\partial f}{\partial z}\vec{k}\right) = \dfrac{\partial^2 f}{\partial x^2} + \dfrac{\partial^2 f}{\partial y^2} + \dfrac{\partial^2 f}{\partial z^2} = \nabla^2 f$

   (b) $\nabla \times (\nabla f) = \begin{vmatrix} \vec{i} & \vec{j} & \vec{k} \\ \partial/\partial x & \partial/\partial y & \partial/\partial z \\ \partial f/\partial x & \partial f/\partial y & \partial f/\partial z \end{vmatrix}$

   $$= \left(\dfrac{\partial^2 f}{\partial y\partial z} - \dfrac{\partial^2 f}{\partial z\partial y}\right)\vec{i} + \left(\dfrac{\partial^2 f}{\partial z\partial x} - \dfrac{\partial^2 f}{\partial x\partial z}\right)\vec{j} + \left(\dfrac{\partial^2 f}{\partial x\partial y} - \dfrac{\partial^2 f}{\partial y\partial x}\right)\vec{k} = 0$$

   (c) $\nabla \cdot (\nabla \times \vec{A}) = \dfrac{\partial}{\partial x}\left(\dfrac{\partial A_z}{\partial y} - \dfrac{\partial A_y}{\partial z}\right) + \dfrac{\partial}{\partial y}\left(\dfrac{\partial A_x}{\partial z} - \dfrac{\partial A_z}{\partial x}\right) + \dfrac{\partial}{\partial z}\left(\dfrac{\partial A_y}{\partial x} - \dfrac{\partial A_x}{\partial y}\right) = 0$

4. $\displaystyle\oint_C \vec{r} \cdot d\vec{r} = \oint_C (x\vec{i} + y\vec{j} + z\vec{k}) \cdot (\vec{i}dx + \vec{j}dy + \vec{k}dz) = \oint_C (xdx + ydy + zdz)$

   $$= \frac{1}{2}\oint_C d(x^2 + y^2 + z^2) = \frac{1}{2}\left[x^2 + y^2 + z^2\right]_C = 0$$

5. $\nabla \cdot \left(\dfrac{\vec{r}}{r^2} \right) = \left(\nabla \dfrac{1}{r^2} \right) \cdot \vec{r} + \dfrac{1}{r^2} \nabla \cdot \vec{r} = -\dfrac{2}{r^3} \dfrac{\vec{r}}{r} \cdot \vec{r} + \dfrac{3}{r^2} = \dfrac{1}{r^2}$

ガウスの定理から

$$\iiint_V \frac{1}{r^2} dV = \iiint_V \nabla \cdot \frac{\vec{r}}{r^2} dV = \iint_S \frac{\vec{r} \cdot \vec{n}}{r^2} dS$$

6. ストークスの定理から

$$\iint_S (\nabla \times \vec{A}) \cdot dS = \int_C \vec{A} \cdot d\vec{r}$$

となります．ただし C は $x^2 + y^2 = 1$ を時計まわりの積分路です．
C 上では $x = \cos\theta$，$y = \sin\theta$，$z = 1 \, (0 \leq \theta < 2\pi)$ なので

$$\int_C \vec{A} \cdot d\vec{r} = \int_{2\pi}^0 \{ (\sin\theta - 1)\,\vec{i} + (1 - \cos\theta)\,\vec{j} + (\cos\theta - \sin\theta)\,\vec{k} \} \cdot \{ \vec{i}d(\cos\theta) + \vec{j}d(\sin\theta) \}$$

$$= \int_{2\pi}^0 \{ (\sin\theta - 1)\,d(\cos\theta) + (1 - \cos\theta)\,d(\sin\theta) \}$$

$$= \int_0^{2\pi} \{ (1 - \sin\theta)\sin\theta + (1 - \cos\theta)\cos\theta \}\,d\theta$$

$$= \int_0^{2\pi} (\sin\theta + \cos\theta - 1)\,d\theta = [-\cos\theta + \sin\theta - \theta]_0^{2\pi} = -2\pi$$

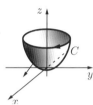

Chapter 4

1. 成分ごとに運動方程式を表すと

$$\frac{d^2x}{dt^2} = 0, \quad \frac{d^2y}{dt^2} = -g.$$

これらを積分すると

$$x = At + B \cdot \quad y = -\frac{1}{2}gt^2 + Ct + D \cdot$$

$t = 0$ のとき

$$x = 0, \quad \frac{dx}{dt} = v_0, \quad y = h, \quad \frac{dy}{dt} = 0$$

から任意定数を決めると

$$x = v_0 t, \quad y = -\frac{1}{2}gt^2 + h. \quad y = 0 \text{ のとき } t = \sqrt{\frac{2h}{g}} \quad (\text{時間}).$$

したがって

$$x = \sqrt{\frac{2h}{g}} v_0 \; (\text{距離}).$$

2. 図 3 を参考にして運動方程式を成分で記すと

$$m\frac{d^2x}{dt^2} = -mg\sin\beta, \ \ m\frac{d^2y}{dt^2} = -mg\cos\beta$$

$t = 0$ のとき

$$x = 0, \ \frac{dx}{dt} = v_0\cos\alpha, \ y = 0, \ \frac{dy}{dt} = v_0\sin\alpha \ \ (ただし \ \alpha \ は投げ上げ角)$$

であることを考慮して積分すれば

$$x = -\frac{1}{2}gt^2\sin\beta + v_0 t\cos\alpha, \ \ y = -\frac{1}{2}gt^2\cos\beta + v_0 t\sin\alpha$$

到達点では $y = 0$ なので到達時刻は $t = 2v_0\sin\alpha/(g\cos\beta)$.
このときの x を x_L と記せば

$$x_L = \frac{2v_0^2}{g\cos^2\beta}\sin\alpha\,(\cos\alpha\cos\beta - \sin\alpha\sin\beta) = \frac{2v_0^2}{g\cos^2\beta}\sin\alpha\cos(\alpha+\beta)$$

$$= \frac{2v_0^2}{g\cos^2\beta}\,(\sin(2\alpha+\beta) - \sin\beta)$$

したがって $2\alpha + \beta = \pi/2$ すなわち $\alpha = \pi/4 - \beta/2$ のとき x_L は最大

3. 仕事は $\displaystyle\int_C \vec{f}\cdot d\vec{r} = \int_C (f_x dx + f_y dy)$ となります.

・円周 $x = c\cos\theta$, $y = c\sin\theta \ \left(0 \le \theta \le \dfrac{\pi}{2}\right)$ に沿う場合

$dx = -c\sin\theta d\theta, \ dy = c\cos\theta d\theta$ なので

$$\int_C \vec{f}\cdot d\vec{r} = \int_0^{\pi/2}\left\{ac^2\cos^2\theta\,(-c\sin\theta) + bc^2\sin\theta\cos\theta\,(c\cos\theta)\right\}d\theta$$

$$= c^3(b-a)\int_0^{\pi/2}\cos^2\theta\sin\theta d\theta = c^3(b-a)\left[-\frac{\cos^3\theta}{3}\right]_0^{\pi/2} = \frac{1}{3}(b-a)c^3$$

・線分 $y = c - x \ (0 \le x \le c)$ に沿う場合

$$\int_C \vec{f}\cdot d\vec{r} = \int_c^0\left\{ax^2 dx + bx(c-x)(-dx)\right\} = \int_c^0\left\{ax^2 + bx(x-c)\right\}dx$$

$$= \left[\frac{a+b}{3}x^3 - \frac{bc}{2}x^2\right]_c^0 = \left(-\frac{a+b}{3} + \frac{b}{2}\right)c^3 = \left(\frac{b-2a}{6}\right)c^3$$

Index

Notice

インデックス出版

https：//www.index-press.co.jp/

インデックス出版　コンパクトシリーズ

★ＣＡＤ★

本シリーズは CAD の初心者の方々を主な読者と想定し、CAD を日常的に使いこなせるようになることを目的としています。

書店で分厚い CAD の解説書を見て大変そうだと思い込んでる方に、CAD が技術者の意図を表現、伝達する手段として手軽なツールとして使えることを実感して頂き、活用していただくことを目指しています。

コンパクトシリーズ CAD
二次元 CAD 初歩の初歩

定　　価	本体価格￥500 ＋税
ページ数	72
サ イ ズ	A5
著　　者	岩永義政

本書の内容

（まえがき より抜粋）

二次元 CAD はすでに完成された技術で、手軽な設計ツールとして普及しています。そして、設計者の意図を表現し、伝える手段として重要な役割を果たしています。

本書では（Part1）で二次元 CAD の概要、（Part2）で二次元 CAD 製図の基本を扱っています。また（Part3）で簡単な図形の作図手順を説明します。なお、オーソドックスな操作方法で、初心者でも使いやすいことで定評のある it'sCAD を使って解説します。

エクセルナビシリーズ　構造力学公式例題集

定　　価　本体価格￥2,400 ＋税
ページ数　270
サ イ ズ　A5
監　　修　田中修三
著　　者　IT環境技術研究会
付　　録　プログラムリストダウンロード可

本書の内容

構造力学は、建設工学や機械工学にとって必要不可欠なものです。しかしながら、構造や荷重および支持条件によっては計算が煩雑になり業務の負担になる場合も多々あります。
本書は、梁・ラーメン・アーチなどの構造について、多様な荷重・支持条件の例を挙げ、その「反力」「断面力」「たわみ」「たわみ角」等の公式を紹介し、汎用性のあるExcelプログラムにより解答を得られるようになっています。梁については「せん断力図」「曲げモーメント図」「たわみ図」を自動作成します。
Excelファイルは，本に記載してあるIDとパスワードを入力すれば、ホームページより無償でダウンロードすることができます。

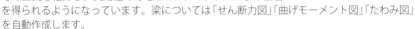

エクセルナビシリーズ
地盤材料の試験・調査入門

定　　価　￥1,800 ＋税
ページ数　270
サ イ ズ　A5
著　　者　辰井俊美・中川幸洋・谷中仁志・肥田野正秀
編　　著　石田哲朗
付　　録　プログラムリストダウンロード可

本書の内容

（はじめにより）
本書は、地盤材料試験や地盤調査法を地盤工学の内容に関連付けて、その目的、試験手順や結果整理上の計算式を丁寧に説明しています。試験結果をまとめるデータシートは、規準化されたものと同じ書式のExcelファイルのデータシートにより整理・図化できます。このExcelファイルは，本に記載してあるIDとパスワードを入力すれば、ホームページより無償でダウンロードすることができます。

データ整理に費やす時間を短縮できるだけでなく，コンピュータ上で楽しみながら経験を蓄積でき、また、実務での報告書の一部として利用することも十分に可能です。

【著者紹介】

河 村 哲 也（かわむら てつや）
お茶の水女子大学 大学院人間文化創成科学研究科　教授（工学博士）

コンパクトシリーズ数学 <ruby>数学<rt>すうがく</rt></ruby>　ベクトル<ruby>解析<rt>かいせき</rt></ruby>

2020 年 2 月 28 日　初版第 1 刷発行

著 者　河 村 哲 也
発行者　田 中 壽 美

発 行 所　インデックス出版
〒 191-0032　東京都日野市三沢 1-34-15
Tel 042-595-9102　Fax 042-595-9103
URL：http://www.index-press.co.jp

Printed in Japan　　ISBN978-4-910058-03-0 C3041　　　乱丁，落丁本はお取替えいたします.